GESELLSCHAFT FÜR WÄRMEWIRTSCHAFT / WIEN

RICHTIGES MESSEN IN DAMPF- UND FEUERUNGSBETRIEBEN

MIT 2 TEXTABBILDUNGEN

SPRINGER-VERLAG WIEN GMBH 1931

Alle Rechte, insbesondere das der Übersetzung
in fremde Sprachen, vorbehalten

ISBN 978-3-7091-5289-8   ISBN 978-3-7091-5437-3 (eBook)
DOI 10.1007/978-3-7091-5437-3
Softcover reprint of the hardcover 1st edition 1931

Vorwort

Der Arbeitsausschuß für Meßwesen der Gesellschaft für Wärmewirtschaft hat sich seit ungefähr fünf Jahren in 48 Sitzungen damit befaßt, Richtlinien für wärmetechnische Messungen in Dampf- und Feuerungsbetrieben aufzustellen. Das Ergebnis dieser Beratungen liegt nunmehr vor und stellt einen Aufklärungsbehelf dar, wie er in diesem sachlichen Umfang bei knappster Darstellung bisher nicht zur Verfügung stand.

Wien, April 1931.   **Gesellschaft für Wärmewirtschaft.**

Inhaltsverzeichnis

Allgemeines	1
I. Brennstoffmengenmessung	2
A) Feste Brennstoffe	2
1. Rauminhaltsmessung	2
2. Gewichtsmessung	2
Nachprüfung	3
Genauigkeit	3
B) Flüssige Brennstoffe	4
Nachprüfung	4
Genauigkeit	4
C) Gasförmige Brennstoffe	4
1. Gaszustand	5
2. Berichtigungszahlen für Differenzdruckmesser	5
3. Einbau der Einschnürungsorgane; Druckübertragungsleitungen und Anzeigegeräte	5
Nachprüfung	6
Genauigkeit	7
II. Wassermengenmessung	7
Verwendbarkeit der einzelnen Messerbauarten.	
A) Volumenmesser	8
1. Einbau	8
2. Schutz gegen Verunreinigungen	8
3. Fehlmessungen	8
a) Durch unrichtige Belastung (Minderanzeigen)	8
b) Durch natürliche Abnützung (Minderanzeigen)	8
c) Durch Undichtheiten der Wasserwege	8
d) Durch vom Wasser mitgeführte Luft- oder Dampfmengen (Mehranzeigen)	8
4. Umrechnung von Kubikmetern in Tonnen	8
5. Reinigung und Überprüfung	9
B) Differenzdruckmesser (Meßflansch, Düse, Venturirohr samt zugehörigem Differentialmanometer)	9
1. Einbau der Einschnürungsorgane	9
2. Verlegung der Druckübertragungsleitungen	9
3. Undichte Druckübertragungsleitungen	10
4. Belastung	10
a) Überlastungen	10
b) Zu geringe Belastungen	10
c) Meßbereichänderung	10

5. Fehler im Differentialmanometer 10
  6. Schaulinienauswertung bei Schreibgeräten 11
  7. Temperaturberichtigung 11
  8. Umrechnung von Kubikmetern in Tonnen 11
 C) Schwimmermesser 12
  1. Einbau 12
  2. Inbetriebsetzung; Fehlanzeigen 12
  3. Druck- und Temperaturberichtigung 12
 D) Gewichtsmesser (offene Wassermesser) 12
    Nachprüfung von Wassermessern 12
    Genauigkeit 13

III. Dampfmengenmessung 14
 A) Differenzdruckmesser (Meßflansch, Düse, Venturirohr samt zugehörigem Differentialmanometer) 14
  1. Einbau der Einschnürungsorgane 14
  2. Verlegung der Druckübertragungsleitungen 14
  3. Undichte Druckübertragungsleitungen 15
  4. Belastung 15
  5. Fehler im Differentialmanometer 15
  6. Schaulinienauswertung bei Schreibgeräten 15
  7. Druck- und Temperaturberichtigung 15
 B) Schwimmermesser 16
  1. Schutz der Bremsflüssigkeit 16
  2. Auswertung 16
    Nachprüfung von Dampfmessern 16
    Genauigkeit 16

IV. Luft- und Gasmengenmessung 17

V. Druck- und Unterdruck- (Zug-) Messung 17
 A) Beschaffenheit der Geräte 17
 B) Anbringung 18
 C) Betrieb 18
    Nachprüfung 19
    Genauigkeit 19

VI. Rauchgasprüfung 20
 A) Gasentnahme 20
 B) Analyse der Gasprobe 22
  1. Rauchgasprüfer nach Orsat zur Bestimmung von CO_2, O_2 und CO 22
    a) Absorptionsmittel 22
    b) Beschaffenheit und Handhabung 24
  2. Erweiterte Rauchgasprüfer nach Orsat 25
  3. Handbediente Rauchgasprüfer mit festen Absorptionsmitteln 26
  4. Selbsttätige Rauchgasprüfer auf chemischer Grundlage 26
  5. Selbsttätige Rauchgasprüfer auf physikalischer Grundlage .. 27
    Nachprüfung von Rauchgasprüfern 28
    Genauigkeit 28

VII. Temperaturmessung 30
A) Allgemeines über den Einbau der Temperaturmeßgeräte 30
1. Ort des Einbaues.................................... 30
2. Art des Einbaues.................................... 31
   a) Wärmeab- und -zustrom durch Leitung 31
   b) Wärmeab- und -zustrom durch Strahlung 31
   c) Oberflächentemperaturmessung 32
B) Besonderheiten der wichtigsten Gruppen von Temperaturmeßgeräten 32
1. Flüssigkeits-Fadenthermometer (Glasthermometer) 32
   a) Einbau 33
   b) Anzeigeverzögerung 33
   c) Fadenkorrektur 33
2. Druckthermometer.................................... 33
   a) Einbau 33
   b) Betrieb 34
3. Thermoelemente...................................... 34
   a) Einbau 35
   b) Erwärmung der „kalten Enden".................... 35
   c) Unrichtige Polung der Kompensationsleitung........... 36
   d) Zu großer Widerstand in der Zuleitung oder im Element 36
   e) Anzeigegeräte..................................... 36
4. Widerstandsthermometer 36
   a) Einbau... 36
   b) Wärmeab- und -zuleitung 37
   c) Widerstand der Zuleitungen 37
   d) Anzeigegeräte und Stromquelle 37
5. Optische Pyrometer.................................. 37
   a) Teilstrahlungspyrometer............................ 37
      α) Einstellung.................................... 37
      b) Strahlungsvermögen des Wärmeträgers.............. 37
      c) Fehler im Gerät 38
   b) Gesamtstrahlungspyrometer 38
      a) Einstellung (Einbau)............................ 39
      b) Strahlungsvermögen............................. 39
      c) Anzeigegeräte 40
Nachprüfung von Temperaturmeßgeräten 40
Genauigkeit... 41

Allgemeines

Betriebsmessungen sind nur dann einer geordneten Wärmewirtschaft förderlich, wenn sie zweckentsprechend und richtig durchgeführt und ausgewertet werden. Hiezu müssen die Beschaffenheit der verwendeten Meßgeräte, ihre Instandhaltung, sowie Art und Ort ihrer Anwendung vielfältigen Bedingungen entsprechen.

Die vorliegenden Richtlinien trachten unter Beachtung der Wirkungsgrundsätze und des gegenwärtigen Entwicklungsstandes [1] der wichtigsten Meßgerätegruppen auf jene Gesichtspunkte hinzuweisen, welche für die Vermeidung von **Fehlmessungen** in Dampf- und Feuerungsbetrieben im allgemeinen von Bedeutung sind. Dabei wurden in erster Linie die Anforderungen der „**laufenden Betriebsüberwachung**" berücksichtigt.

Bezüglich der im Vorliegenden nicht behandelten Einzelheiten der Gerätebauarten muß auf die Gebrauchsvorschriften für diese und auf das Sonderschrifttum verwiesen werden.

Ganz allgemein ist zur Vermeidung von Fehlmessungen bei elektrisch betätigten Meßgeräten auf die Verwendung einer gleichbleibenden, den Eichverhältnissen entsprechenden Spannung (bei Wechselstrom auch Periodenzahl) zu achten. Zur Erzielung richtiger Mengenmessungen von Gasen und Flüssigkeiten ist die Vermeidung fälschender Zu- und Abflüsse allgemeine Voraussetzung.

Unter den Vorkehrungen zur Erzielung richtiger Messungen kommt der zeitweiligen **Nachprüfung und Eichung der Meßgeräte** besondere Bedeutung zu, weshalb Angaben hierüber bei allen Meßgerätegruppen vorgesehen wurden. Die Nachprüfung der einzelnen Meßgeräte erfolgt zweckmäßig mindestens einmal im Jahr, falls nicht im einzelnen anders angegeben. Sie ist außerdem stets dann geboten, wenn die Meßergebnisse offensichtlich oder zumindest wahrscheinlich unrichtig sind.

Bei den einzelnen Meßgerätegruppen wurden ferner **Anhaltswerte über die Genauigkeit** der gebräuchlicheren Geräte, d. h. über die Grenzen der unvermeidlichen Fehler, angegeben. Hiebei wurde vorausgesetzt, daß die Meßgeräte einwandfrei eingebaut, gut instandgehalten, sowie den Vorschriften der Hersteller entsprechend betrieben sind und daß die Meßergebnisse gegebenenfalls den vorgeschriebenen Berichtigungen unterzogen wurden. Sie stellen Werte dar, deren Einhaltung im allgemeinen erwartet werden kann.

---

[1] Gegebenenfalles ist die Herausgabe von Ergänzungsblättern beabsichtigt.

I. Brennstoffmengenmessung[1]

A. Feste Brennstoffe

1. Rauminhaltsmessung. Bei festen Brennstoffen ist die Mengenbestimmung auf Grund des Rauminhaltes zulässig, wenn ein geringer Genauigkeitsgrad genügt; sie kommt in erster Linie zur Vorratsaufnahme in Betracht, wenn eine nachträgliche überschlägige Überprüfung der laufenden Verbrauchsmessungen bezweckt wird. Je länger hiebei der Zeitraum ist, über den diese Prüfung erstreckt werden soll, um so weniger sind die Ungenauigkeiten der Vorratsaufnahme von Bedeutung. Zur Mengenbeurteilung fester Brennstoffe auf Lagerplätzen empfiehlt es sich, den Brennstoff in regelmäßigen Haufen aufzuschütten, am zweckmäßigsten in Form abgestumpfter Pyramiden, deren Rauminhalt berechnet wird.

Zur laufenden Betriebsüberwachung soll die Mengenbestimmung fester Brennstoffe durch Rauminhaltsmessung (mittels Behälter von bekanntem Inhaltsgewicht) höchstens aushilfsweise verwendet werden und auch nur dann, wenn es sich um gleichartige Brennstoffe gleicher Korngröße und Feuchtigkeit handelt. Hiebei ist der Durchschnittswert des Behälterinhaltes jeweils nachträglich auf Grund der Vorratsaufnahme zu berichtigen.

2. Gewichtsmessung. Zur einwandfreien Messung der verbrauchten Brennstoffmengen ist nur ihre Wägung geeignet; ihr Ergebnis ist von Korngröße und spezifischem Gewicht des Brennstoffes unabhängig.

Kohlenwaagen sollen unter Dach auf dem Wege vom Kohlenvorratslager zur Verbrauchsstelle aufgestellt werden, möglichst in der Nähe der Feuerstellen, so, daß das Wägen des Brennstoffes einerseits vom Bedienungspersonal nicht umgangen werden kann, anderseits aber ohne wesentliche Mehrarbeit durchführbar ist.

Betriebswaagen sollen nicht allzu empfindlich sein, damit die Einstellung nicht zu lange dauert; immerhin soll jedoch bei Hebelwaagen ein Übergewicht von $^1/_{10}\%$ der Höchstlast an der Zunge einen deutlichen Ausschlag hervorrufen.

Die Höchstlast der Waage darf nicht überschritten werden. Hebelwaagen müssen sorgfältig auf wagrechter Ebene so aufgestellt werden, daß Erschütterungen beim Aufbringen des Wägegutes keine Verstellung oder Verschiebung der Waage verursachen.

Eine regelmäßige gewissenhafte Überprüfung der Waage

---

[1] Über Entnahme, Behandlung und Verpackung von Kohlenproben für chemisch-technische Untersuchungen siehe GW-Merkblatt Nr. 15. — Über Probenahme bei flüssigen Brennstoffen sowie über Heizwertbestimmung sind Önormen in Vorbereitung. (Entwurf über Probenahme veröffentlicht in „Sparwirtschaft", Heft 2/1931, S. 85 ff.) Über Probenahme von Brennstaub vgl. DIN DVM 3712.

ist für die Richtigkeit der Messungen in erster Linie ausschlaggebend. Waagen und Gewichte sind von Zeit zu Zeit zu eichen; bei den Wägungen sind gegebenenfalls die der letzten Eichung entsprechenden Berichtigungen vorzunehmen. Kohlenbehälter sind auf die Richtigkeit ihres Taragewichtes öfter zu prüfen. Bei selbsttätigen Kippwaagen, an welchen eine Kippmulde bei einem bestimmten Einstellgewicht ihren Inhalt entleert, ist darauf zu achten, daß nicht an den Behälterwandungen Brennstoffteile haften bleiben; besonders bei nassen Brennstoffen wird sonst die Wägung empfindlich gefälscht sein.

Nachprüfung

Waagen werden durch Belastung mit bekannten Gewichten nachgeprüft.

Genauigkeit

Gerät	Genauigkeit	Bemerkung
Laufgewichtswaagen (1000 bis 40000 kg Höchstlast)	$\pm\ 0{,}05\%$ [1]	Gilt von der Ablesung (von $1/10$ der Höchstlast aufwärts)
Rollgewichtswaagen (1000 bis 40000 kg Höchstlast)	$\pm\ 0{,}05\%$ [1]	Gilt von der Ablesung (von $1/10$ der Höchstlast aufwärts)
Zeigerwaagen (Neigungswaagen) (1000 bis 40000 kg Höchstlast)	$\pm\ 0{,}1\%$	Gilt von der Ablesung
Förderwaagen (Waggonet- und Hängebahnwaagen mit selbsttätig verschiebbarem Laufgewicht)	$\pm\ 0{,}5\%$ (bzw. $\pm\ 1\%$)	Es wird eine nach Betriebsverhältnissen übliche Ladung eingestellt. Bei 20 Abwägungen darf der Fehler in bezug auf das Gesamtgewicht höchstens $\pm 0{,}5\%$, bei einer Abwägung höchstens $\pm 1\%$ betragen. Diese Werte gelten bei Belastungen von etwa $1/10$ der Höchstlast aufwärts
Bunkerwaagen (mit Einstellung eines bestimmten, gleichbleibenden Ausschüttgewichtes)	etwa $\pm\ 1\%$	Zur amtlichen Eichung in Österreich nicht zugelassen

[1] Eichamtlich geforderte Genauigkeit.

B. Flüssige Brennstoffe

Flüssige Brennstoffe sind meist von so homogener Beschaffenheit, daß ihre Mengenbestimmung durch Rauminhaltsmessung erfolgen kann.

Je nach ihrem Zähigkeitsgrad, welcher namentlich von Zusammensetzung und Temperatur abhängig ist, können neben einfachen Füllbehältern mit unveränderlichem Füllraum auch Geschwindigkeits-, Volumen-, Schwimmer- oder Gewichtsmesser in ähnlicher Weise wie zur Wassermengenmessung[1] verwendet werden, doch bedürfen sie je nach den Eigenschaften des zu messenden flüssigen Brennstoffes zuweilen einer besonderen Eichung.

Nachprüfung

Volumenmesser und Schwimmermesser können mittels geeichter Behälter von entsprechender Größe oder durch Reihenschaltung mit anderen verläßlich richtigen Messern nachgeprüft werden. Gegebenenfalls ist der Messer zur Überprüfung an den Hersteller einzusenden.

Genauigkeit

Gerät	Genauigkeit	Bemerkung
Volumenmesser	$\pm 1\%$ der Ablesung	Gilt oberhalb einer Messerbelastung von 15 bis 30% der Vollast, je nach Messergröße
Schwimmermesser	± 2 bis 3% der Ablesung	Gilt oberhalb einer Messerbelastung von 5 bis 10% der Vollast, je nach Messergröße

Bei Schreibgeräten, deren Schaulinien zur Mengenermittlung bzw. zur Mittelwertsbestimmung dienen, sind den angegebenen Werten die Fehler des Uhrwerkes, die Fehler durch Feuchtigkeitsdehnung des Papiers, sowie die Arbeitsfehler beim Planimetrieren, die zusammen mit etwa ± 1 bis 2% der vollen Schreibstreifenfläche bzw. Schreibhöhe einzuschätzen sind, zuzuzählen.

C. Gasförmige Brennstoffe

Im allgemeinen werden kleinere Mengen betriebsmäßig mit Volumenmessern (Gasuhren), größere Mengen mittels Strömungsmessern, und

---

[1] Näheres siehe II.

zwar Differenzdruckmessern[1] (Staurand, Düse oder Venturirohr, stichprobenweise aber auch mittels Staurohr) gemessen.

1. **Gaszustand** (gilt für Differenzdruckmesser). Gasmesser geben je nach Ausführung entweder das Volumen in einem bestimmten **Betriebszustand** oder das auf einen **Normalzustand** (z. B. 0°C 760 mm HgS) bezogene Volumen an. (Ob die eine oder die andere Ausführung vorliegt, ist im Zweifelsfalle vom Lieferer zu erfragen.) Der Berechnung beider Ausführungen liegt jedoch stets eine bestimmte **Zusammensetzung des Gases** sowie ein bestimmter **Betriebszustand** (gegeben durch Temperatur, Druck und Barometerstand) zugrunde. Weicht die Gaszusammensetzung oder der Betriebszustand bei der Messung hievon ab, so muß das Meßergebnis, je nachdem die eine oder andere Geräteausführungsart vorliegt, mit den nachfolgenden **Berichtigungszahlen** multipliziert werden. (Meist stehen zu diesem Zwecke Tafeln oder Kurvenblätter der Lieferfirmen zur Verfügung.)

2. **Berichtigungszahlen für Differenzdruckmesser.**

a) Bei Messern, die das reduzierte, d. h. auf **Normalzustand** bezogene Volumen angeben, ist das Ergebnis mit der **Berichtigungszahl**

$$B_r = \sqrt{\frac{(273 + t_1) \cdot (B_2 + p_2)}{(273 + t_2) \cdot (B_1 + p_1)}} \cdot \sqrt{\frac{\gamma_1}{\gamma_2}}$$

zu multiplizieren.

b) Bei Messern, welche das Volumen im **Betriebszustand** angeben, ist das Ergebnis mit der Berichtigungszahl

$$B_b = \sqrt{\frac{(273 + t_2) \cdot (B_1 + p_1)}{(273 + t_1) \cdot (B_2 + p_2)}} \cdot \sqrt{\frac{\gamma_1}{\gamma_2}}$$

zu multiplizieren.

Die mit Zeiger 1 bezeichneten Größen liegen der Berechnung zugrunde.

Die mit Zeiger 2 bezeichneten Größen entsprechen dem tatsächlichen Zustand.

Hiebei bedeuten:

B_1, B_2 = Barometerstände
p_1, p_2 = Überdrücke } in gleichen Einheiten;

t_1, t_2 = Temperaturen;

γ_1, γ_2 = spez. Gewicht im Normalzustand; der Faktor

$\sqrt{\frac{\gamma_1}{\gamma_2}}$ berücksichtigt Abweichungen der Zusammensetzung des Gases bei der Messung gegenüber der der Berechnung des Messens zugrundeliegenden Gaszusammensetzung.

3. **Einbau der Einschnürungsorgane;[2] Druckübertragungsleitungen und Anzeigegeräte.** Zur Vermeidung von Meßfehlern bei Differenz-

---

[1] Auch Drosselgeräte usw. genannt.
[2] Siehe auch II B 1, S. 9 und III A 1, S. 14.

druckmessern ist auf die Dichtheit der Druckübertragungsleitung[1] vom Einschnürungsorgan zum Differentialmanometer Wert zu legen. Liegt die Möglichkeit der Wasserabscheidung vor, so ist entweder die Druckübertragungsleitung mit stetigem Gefälle zum Einschnürungsorgan zu verlegen, oder aber es sind an den tiefsten Stellen Wassersäcke vorzusehen, die in regelmäßigen Zeitabschnitten entleert werden müssen; zweckmäßig ist die Anordnung von Vorlagen, durch welche überschüssiges Wasser selbsttätig abfließen kann. Richtungsänderungen sind durch T- oder Kreuzstücke auszuführen, um einfache Reinigung der Übertragungsleitungen zu ermöglichen.

Die lichte Weite der Druckübertragungsleitung soll mindestens $\frac{1}{2}$ bis $\frac{3}{4}$" betragen, damit sich Wassertropfen in ihr nicht halten können. Liegt bei teer- und staubhältigen Gasen die Gefahr des Verstopfens der Druckübertragungsleitungen vor, so sind diese noch weiter (1 bis 2" lichte Weite) zu bemessen und in regelmäßigen Zeitabständen mit Dampf oder Preßluft auszublasen. In solchen Fällen empfiehlt es sich auch, das Einschnürungsorgan nach Möglichkeit in lotrechte Leitungen mit aufsteigendem Gasstrom einzubauen, sowie es jedenfalls von Zeit zu Zeit einer Reinigung zu unterziehen. Bei wagrechten Leitungen ist Vorsorge zu treffen, daß allenfalls abgeschiedener Teer über Vorlagen abfließen kann. Die angeschlossenen Differentialmanometer besitzen meistens Wasserfüllung, welche gegen Frost zu schützen ist. Bei Ölfüllung können Meßfehler infolge Temperaturänderungen, die das spezifische Gewicht des Öles stark beeinflussen, vorkommen. Auf Fehlermöglichkeiten im Differentialmanometer selbst einzugehen, verbietet die große Zahl der voneinander abweichenden Ausführungen. Da jedoch stets zwischen Anzeige und Druckunterschied ein gewisses, beim Lieferer erfragbares Verhältnis besteht, kann und soll das einwandfreie Arbeiten des Differentialmanometers durch Parallelschaltung einfacher U-Rohre oder (bei kleinen Differenzdrücken) von einwandfreien Mikromanometern in regelmäßigen Zeitabschnitten überprüft werden.

Nachprüfung

Die Überprüfung der Volumenmesser (Gasuhren) erfolgt üblicherweise beim Hersteller mittels sogenannter Kubizierapparate oder im Betrieb durch Reihenschaltung mit einem Kontrollgasmesser. Gasuhren benötigen meist durch viele Jahre keine Nachprüfung.

Differenzdruckmesser können mit einem entsprechend großen Gasbehälter grob überprüft werden. In der Regel begnügt man sich in der Praxis mit einer Überprüfung des Differentialmanometers (Nullpunktskontrolle und Parallelschaltung eines richtigen Differentialmano-

---

[1] Siehe auch II B 3, S. 10.

meters vgl. S. 6). Eine genauere Überprüfung der Meßeinrichtung erfordert besondere Fachkenntnis und soll durch den Hersteller erfolgen.

Genauigkeit

Gerät	Genauigkeit	Bemerkung
Volumenmesser (Gasuhren)	± 1 bis 2% der Ablesung	—
Differenzdruckmesser	± 3 bis 5% der Ablesung	Gilt oberhalb einer Messerbelastung von 13% der Vollast aufwärts

Bei Schreibgeräten, deren Schaulinien zur Mengenermittlung bzw. zur Mittelwertsbestimmung dienen, sind den angegebenen Werten die Fehler des Uhrwerkes, die Fehler durch Feuchtigkeitsdehnung des Papiers, sowie die Arbeitsfehler beim Planimetrieren, die zusammen mit etwa ± 1 bis 2% der vollen Schreibstreifenfläche bzw. Schreibhöhe einzuschätzen sind, zuzuzählen.

II. Wassermengenmessung

Verwendbarkeit der einzelnen Messerbauarten

Die zur Wassermessung in Dampfbetrieben hauptsächlich verwendeten Messerbauarten sind: Volumenmesser (Scheibenmesser, Kolbenmesser usw.) und Strömungsmesser, und zwar Differenzdruckmesser (Meßflansch, Düse und Venturirohr mit zugehörigem Differentialmanometer) sowie seltener Schwimmermesser. Strömungsmesser setzen annähernd stationäre Strömung voraus. (Förderung durch Kreiselpumpen oder durch Kolbenpumpen mit mindestens 100 bis 120 Einzelhüben pro Minute, womöglich mit Windkessel, da andernfalls mit mehr oder minder großen Meßfehlern zu rechnen ist.) Schwimmermesser sowie die meisten Volumenmesser können nur in horizontale Leitungen eingebaut werden. Die Anwendung von Woltmann- oder anderen Flügelrad-Wassermessern beschränkt sich mit Ausnahme von Sonderausführungen auf kaltes Wasser (Temperatur unter 30° C); auch werden derartige Messer meist nur für Druckbeanspruchungen bis höchstens rund 10 Atm. gebaut. Freier Auslauf ermöglicht die Verwendung von Kipp-Wassermessern („Flüssigkeitswaagen") und Trommelmessern sowie die Wägung bei Vorhandensein entsprechender Behälter und einer geeigneten Waage.

A. Volumenmesser

1. Einbau. Volumenmesser sollen womöglich in die Druckleitung, ferner in Kesselanlagen vor dem Economiser eingebaut werden, da Dampfentwicklung, wie sie bei sehr heißem Wasser durch Druckverminderung eintreten kann, den Messer meist stark beschädigt. Aus Gründen der Betriebssicherheit, ferner, um den Messer ohne Störung des Betriebes reinigen und gegebenenfalls ausbauen zu können, soll eine absperrbare Umgangsleitung vorgesehen werden.

2. Schutz gegen Verunreinigungen. Volumenmesser sind gegen mechanische und chemische Verunreinigungen des Wassers empfindlich. Sand, Faserstoffe u. dgl. werden durch Siebe, unter Umständen auch durch eigene Schmutzkasten vom Messer ferngehalten; die Siebe der Messer und Schmutzkasten müssen, je nach der Beschaffenheit des Wassers, in kleineren oder größeren Zeitabständen gereinigt werden. Enthalten die Messer Teile aus selbstschmierender Graphitkohle, so muß das Wasser ölfrei sein.

3. Fehlmessungen. a) Durch unrichtige Belastung (Minderanzeigen). Volumenmesser sind für eine bestimmte Höchstmenge gebaut, die auch vorübergehend nicht wesentlich überschritten werden darf. Überlastungen führen zu einer raschen Abnützung der beweglichen Teile des Messers und damit zu Minderanzeigen. Die Messer dürfen aber auch nicht unterbelastet werden, da sie je nach der Messergröße erst oberhalb 50 bis 15% der Höchstmenge richtig anzeigen, wobei der erstgenannte Wert sich auf kleinere Messergrößen bezieht. Unterbelastungen können beträchtliche Minderanzeigen zur Folge haben.

b) Durch natürliche Abnützung (Minderanzeigen). Im Lauf der Zeit treten Minderanzeigen auch durch natürlichen Verschleiß auf.

c) Durch Undichtheiten der Wasserwege. Das Absperrventil der Umgangsleitung muß vollkommen dicht schließen, da sonst Wasser ungemessen hindurchgeht, d. h. der Messer mißt trotz richtiger Anzeige zu wenig.

Falls Wasserverluste zwischen Meßstelle und Verwendungsstelle auftreten oder bei Dampfkesseln Abschlammorgane undicht sind, wird trotz richtiger Anzeige des Messers zu viel gemessen.

d) Durch vom Wasser mitgeführte Luft- oder Dampfmengen (Mehranzeigen). Mehranzeigen können bei Volumenmessern nur dann vorkommen, wenn das Wasser Luft oder Dampf mit sich führt, welche als Wasser mitgemessen werden.

4. Umrechnung von Kubikmeter in Tonnen. Nur bei kaltem Wasser (unter 30° C) kann man Kubikmeter und Tonnen bzw. Liter und Kilo-

GESELLSCHAFT FÜR WÄRMEWIRTSCHAFT / WIEN

RICHTIGES MESSEN IN DAMPF- UND FEUERUNGSBETRIEBEN

ERGÄNZUNGEN UND ÄNDERUNGEN
ZUR AUSGABE 1931

WIEN · VERLAG VON JULIUS SPRINGER · 1937

Entsprechend der im Abschnitt „Allgemeines" der obgenannten Broschüre angekündigten Herausgabe von Ergänzungsblättern, erfolgte die Bearbeitung des vorliegenden Blattes, in welchem Änderungen und Ergänzungen zusammengefaßt sind, die sich durch die technische Entwicklung seit Erscheinen der Broschüre, bzw. vereinzelt durch Richtigstellungen ergeben haben. Es empfiehlt sich, zum praktischen Gebrauch der Ergänzungen an den betreffenden Textstellen der Broschüre Hinweise auf die betreffenden Nummern des Ergänzungsblattes anzubringen.

Alle Rechte, insbesondere das der Übersetzung
in fremde Sprachen, vorbehalten

ISBN-13: 978-3-7091-5289-8   e-ISBN-13: 978-3-7091-5437-3
DOI: 10.1007/978-3-7091-5437-3
Softcover reprint of the hardcover 1st edition 1931

1. *Seite 7, 13 u. 16.* Nach Tafel „Genauigkeit" ist einzufügen:

„Vorstehende Genauigkeitsangaben beziehen sich nur auf die Meßgeräte allein und berücksichtigen nicht die Genauigkeitstoleranz der Stauorgane."

2. *Seite 7.* Tafel „Genauigkeit" soll lauten:

Gerät	Genauigkeit	Bemerkung
Volumenmesser (Gasuhren)	± 1 bis 2% der Ablesung	
Differenzdruckmesser (einschließlich Ringwaagen und Tauchglocken)	± 1,5 bis 2,5% v. Höchstwert	Gilt oberhalb einer Messerbelastung von 13% der Vollast
Differenzdruckmesser mit mechanischem Zählwerk (vgl. Einfügung zu S. 11, Abs. 6)	± 3 bis 4% der Ablesung	

3. *Seite 3, 4, 7, 13, 16, 19, 28 u. 41.* Nach Tafel „Genauigkeit" ist (ferner) einzufügen:

„Vorgedruckte Diagrammpapiere, die nicht zum einzelnen Meßgerät besonders angefertigt wurden, ergeben in der Regel zusätzliche Ungenauigkeiten; genaue Ablesungen, bzw. Mittelwertbildungen sind dann nur durch Verwendung der zum einzelnen Meßgerät gehörigen Ableselineale möglich."

4. *Seite 9.* Abschnitt B, Absatz 1 soll lauten:

1. **„Einbau der Einschnürungsorgane.** Der Einbau der Einschnürungsorgane soll in einem geraden, möglichst langen Rohrstück, möglichst weit entfernt von allen Störungsquellen u. dgl. erfolgen. Die Einbaustelle soll dieses Rohrstück etwa im Verhältnis 2 : 1 teilen, wobei die längere Strecke dem Einlauf zuzuordnen ist. Die ungestörte gerade Strecke muß um so länger sein, je weniger eingeschnürt wird. **Ringkammermeßflansche** sind unter allen Umständen gegenüber Störungseinflüssen wesentlich unempfindlicher. Zur genaueren Beur-

teilung der Zulässigkeit gewählter Meßstellen unter schwierigen Verhältnissen (Verfügbarkeit nur kurzer, gerader Rohrstränge, störende Einbauten), sind die Angaben der VDI-Durchflußmeßregeln nach DIN 1952 heranzuziehen. Bei Blenden mit kleinem Staudurchmesser (etwa unter 50 mm) ist besonders auf haarscharfe Ausführung der messenden Kante zu achten, da schon geringe Unschärfen eine Vergrößerung des Durchflusses um mehrere Prozente bewirken."

5. *Seite 9.* Abschnitt B, Absatz 2 soll lauten:

„Die Lage der Rohrleitung (horizontal, vertikal oder beliebig geneigt) ist im allgemeinen nicht von Einfluß. Bei gewissen Stauorganen, wie z. B. Düsen, Venturieinsätzen u. dgl. ist es jedoch möglich, daß sich in senkrechten oder geneigten Rohrleitungen Luftsäcke bilden, welche die Messung — besonders im unteren Teil des Meßbereiches — fälschen. Ohne geeignete Entlüftungsmöglichkeit ist daher der Einbau derartiger Stauorgane in lotrechte und geneigte Rohrleitungen unzulässig."

6. *Seite 10.* Abschnitt B, Absatz 4 c soll ab Zeile 6 lauten:

„..... abändern; ersteres kommt nur bei Vergrößerung des Meßbereiches oder Erhöhung der Temperatur in Frage."

7. *Seite 11.* Absatz 6, am Schluß ist anzufügen:

„Neuere mechanische Schreibgeräte sind mit mechanischen Zählwerken versehen, welche die über eine bestimmte Zeit zu integrierende Menge nach Art der bekannten Elektrizitätszähler auf einem Zahlenrollenwerk abzulesen gestatten."

8. *Seite 13.* Tafel „Genauigkeit", Post 2, soll lauten:

Differenzdruckmesser mit mechanischer Übertragung (einschl. Ringwaagen)	± 1 bis 2% vom Höchstwert

9. *Seite 13.* Tafel „Genauigkeit". Zwischen Post 2 und 3 ist einzufügen:

Differenzdruckmesser mit mechanischem Zählwerk	± 2 bis 3%

10. *Seite 14.* Abschnitt III A, Punkt 1. Nach dem ersten Absatz ist einzufügen:

„Die Lage der Rohrleitung (horizontal, vertikal oder beliebig geneigt) ist im allgemeinen nicht von Einfluß. Bei gewissen Stauorganen, wie z. B. Düsen, Venturieinsätzen u. dgl., ist es jedoch möglich, daß sich in senkrechten oder geneigten Rohrleitungen Wassersäcke bilden, welche die Messung — besonders im unteren Teil des Meßbereiches —

fälschen. Ohne geeignete Entwässerungsmöglichkeit ist daher der Einbau derartiger Stauorgane in lotrechte und geneigte Rohrleitungen unzulässig."

11. *Seite 15.* Abschnitt III A, Punkt 4, soll richtig lauten:
„Zu den Angaben unter II B 4, *Seite 10* ist zu ergänzen....."

12. *Seite 15.* Abschnitt III A, Punkt 7. Am Ende des Absatzes ist einzufügen:
„In jenen Fällen, in welchen Druck und Temperatur häufig und in weiteren Grenzen schwanken, finden Apparate mit selbsttätiger Druck- und Temperaturberichtigung Verwendung."

13. *Seite 16.* In Tafel „Genauigkeit" ist zwischen Post 1 und 2 einzufügen:

Differenzdruckmesser mit mechanischer Zählung (einschließlich Ringwaagen)	± 1 bis 2% vom Höchstwert

14. *Seite 17.* Abschnitt V, Zeile 4. Nach „gemessen" ist einzufügen:
„In letzter Zeit sind auch Druckmesser mit rotierendem Meßkolben (Drehkolbenmanometer) in Gebrauch gekommen, die eine besondere Empfindlichkeit aufweisen."

15. *Seite 19.* Am Ende der Tafel „Genauigkeit" ist anzufügen:

Ringwaagen	$\pm 1/2 \%$ vom Endwert
Drehkolbenmanometer	$\pm 0{,}05$ at

16. *Seite 21.* Punkt 2: Die Worte „bei vertikalen Einbau" entfallen.

17. *Seite 24.* Tafel „Absorptionsmittel", Post 2, Kolonne 2, soll lauten: „Absorption stark".

18. *Seite 25.* Punkt h, letzte Zeile, soll enden:
„..... Sperrflüssigkeit mit Schwefelsäure."

19. *Seite 26.* 1. Absatz, Zeile 7, soll lauten:
„das CuO gibt den zur....."

20. *Seite 26.* Punkt 4, Zeile 10, soll lauten:
„.....eines Oxydationsmittels (CuO) vollständig verbrannt....."

21. *Seite 27.* 4. Zeile von unten soll lauten:
„.....VI, A und B, 4, b, *a* und *e*, Seite 26 u. 27" statt „VI, A, und B, b, *a* und *e*, Seite 20 u. 24".

22. *Seite 31.* Abschnitt 2. Nach dem ersten Satz ist einzufügen:

„Insbesondere ist bei Einbau von Schutzhülsen in Hochdruckanlagen Rücksicht zu nehmen auf Temperatur und Druck sowie auf die dynamische Beanspruchung durch das strömende Medium."

23. *Seite 31.* In Abbildung 2 ist das linke Bild mit „a" und das rechte Bild mit „b" zu bezeichnen.

24. *Seite 33.* Abschnitt B, Punkt c, soll lauten:

„Fadenkorrektur: Prüfglasthermometer sollen bei der Messung so verwendet werden, wie sie geeicht wurden, d. h. entweder mit eingetauchter Kugel oder mit eingetauchtem Faden; es ist daher auf den entsprechenden Eichvermerk auf dem Thermometer zu achten. Womöglich sollen nur solche Glasthermometer verwendet werden, die mit eingetauchtem Faden geeicht sind und deren Kapillare so weit in den Wärmeträger eintaucht, daß nur das Ende des Flüssigkeitsfadens eben aus ihm herausragt. Ist dies nicht möglich, so muß bei genauen Messungen eine Berichtigung („Fadenkorrektur") nach folgender Formel vorgenommen werden:

$$t = t_0 + n \cdot \alpha \, (t_0 - t_f)$$

t_0..... Ablesung am Thermometer, wenn der Faden die Temperatur t_f hat und um n..... Grade herausragt; t..... richtige Temperatur. Die Fadentemperatur t_f kann praktisch gleich der Temperatur der umgebenden Luft gelten oder durch ein in die Mitte des Fadens gehaltenes Thermometer bestimmt werden."

α..... für Quecksilber je nach Glassorte $\sim \dfrac{1}{6000}$.

25. *Seite 34.* Punkt 3. Am Ende des ersten Absatzes wird angefügt:

„doch können durch Reihenschaltung mehrerer Thermoelemente auch bedeutend tiefere Temperaturen mit Thermoelementen gemessen werden."

26. *Seite 35.* Absatz 3, Zeilen 3/5 sollen lauten:

„..... Hartporzellan und ähnlichen Stoffen; bei Temperaturen über etwa 1000^0 werden aber auch diese durch Eisenoxyd, Alkalien und Zyanverbindungen zerstört."

27. *Seite 35.* Absatz 3, letzte Zeile. Es soll statt „100 bis 1100^0" richtig heißen: „1000 bis 1100^0".

28. *Seite 35.* Absatz 5, Zeile 2: lies „Marquardtscher Masse" statt „Manquardscher Masse".

29. *Seite 35.* Absatz 5, Zeilen 3/5 sollen nach „nicht dauernd" lauten:
„die chemisch und thermisch vorzüglichen Quarzrohre haben den Nachteil der leichteren Zerbrechlichkeit und der Undichtheit oberhalb etwa 900 bis 1000⁰ C; Marquardtrohre....."

30. *Seite 36.* Absatz 2, soll lauten:
„Es ist auch möglich, den Einfluß der Temperatur der „kalten Enden" mittels geeigneter Schaltungen oder durch Zusammenfassung der „kalten Enden" in einem — z. B. elektrisch geheizten — Thermostaten auszuschalten. Es empfiehlt sich, in den Thermostaten ein Thermometer einzubauen."

31. *Seite 40.* Zeile 3 von unten: Statt „100,20" soll es richtig „100,0" lauten.

32. *Seite 42*, vorletzte Zeile: Es soll statt „+" richtig „±" heißen.

33. *Nach Seite 42* ist einzufügen:

Ermittlung des wahrscheinlichsten Fehlers einer Meßanordnung, welcher mehrere, voneinander unabhängige Meßgrößen zugrundeliegen.

Liegen einer Meßanordnung mehrere, voneinander unabhängige Meßgrößen zugrunde, deren jede mit einer gewissen Fehlergrenze (Streuung) behaftet ist (z. B. Meßflansch und Druckunterschiedmesser), so ergibt sich der mögliche Gesamtfehler aus der Wurzelzahl der Summe der Quadrate der Einzelfehler. Hat also z. B. bei einer Dampfmessung die Unsicherheit des Stauranddurchmessers eine Unsicherheit des Ergebnisses der Mengenmessung von ± 40 kg/st zur Folge, die Fehlermöglichkeit des Anzeigegerätes eine Unsicherheit von ± 30 kg/st, so beträgt die wahrscheinliche Unsicherheit der Gesamtanordnung

$$\sqrt{30^2 + 40^2} = \pm\ 50\ \text{kg/st}.$$

Sind mehrere mit Fehlermöglichkeiten behaftete Größen miteinander durch eine Formel multiplikativ verknüpft, so ist der wahrscheinliche perzentuelle Fehler gleich der Wurzel aus der Summe der Quadrate der einzelnen perzentuellen Fehler, wobei Wurzelwerte nur mit der Hälfte, quadratische Werte mit dem Doppelten ihres Wertes eingetragen werden müssen. Ist also z. B. die stündliche Durchflußmenge G zu berechnen, nach der Formel

$$G = \text{Konstante} \cdot \alpha \cdot d^2 \cdot \sqrt{\frac{h}{v}},$$

wobei α die Ausflußzahl, d den Durchmesser des Ausflußquerschnittes, h die Druckhöhe und v das spezifische Volumen bedeuten, und ist jede dieser Größen mit einer perzentuellen Fehlermöglichkeit (m_α, m_d, m_h und m_v) behaftet, so errechnet sich der perzentuelle Fehler des Ausflußgewichtes m_G:

$$m_G = \pm \sqrt{\left(m^2\alpha + 2\,m_d^2 + \frac{m_v^2}{2} + \frac{m_h^2}{2}\right)}$$

Näheres siehe Konejung: „Meßfehler und ihre Zusammensetzung". (Zeitschrift des Bayerischen Revisionsvereines, 1933, S. 175ff.)

gramm gleichsetzen. Bei höheren Temperaturen ist bei der Umrechnung nicht nur das geringere spezifische Gewicht des Wassers, sondern auch die Wärmeausdehnung des Messers zu berücksichtigen. (Umrechnungskurven oder -Tafeln der Hersteller!)

5. Reinigung und Überprüfung. Volumenmesser sollen etwa jährlich überprüft und in regelmäßigen Zeitabständen (je nach der Beschaffenheit des Wassers 4 bis 12 Wochen) gründlich gereinigt werden. Dem Verschleiß unterworfene Teile sollen hiebei rechtzeitig ausgewechselt werden. Ist im Betriebe keine einwandfreie Überprüfungsmöglichkeit vorhanden, so empfiehlt es sich, den Messer an den Hersteller zur Untersuchung sowie allfälligen Instandsetzung und Neueichung einzusenden.

B. Differenzdruckmesser (Meßflansch, Düse, Venturirohr samt zugehörigem Differentialmanometer)

1. Einbau der Einschnürungsorgane. Der Einbau der Einschnürungsorgane soll in der Mitte eines geraden Rohrstückes von mindestens zwanzig Durchmessern (womöglich nicht unter 2 m) Länge, möglichst weit entfernt von allen Störungsquellen, wie Ventilen, Schiebern, T-Stücken, plötzlichen Querschnittsveränderungen, Krümmern usw. erfolgen. Ganz besonders störend wirkt eine in der Flüssigkeit vorhandene Drallbewegung, die durch Raumkrümmer (zwei aufeinanderfolgende Krümmer in verschiedenen Ebenen) oder durch gewisse Turbomaschinen hervorgerufen wird. Die Lage der Rohrleitung (horizontal, vertikal oder beliebig geneigt) ist nicht von Einfluß.

2. Verlegung der Druckübertragungsleitungen. Die zum Anzeigegerät (Differentialmanometer) führenden Druckübertragungsleitungen sollen mit Gefälle gegen dieses verlegt werden, um zu verhindern, daß im Wasser befindliche Luftbläschen in die Druckübertragungsleitung und durch sie in das Differentialmanometer gelangen. Wenn ausnahmsweise die örtlichen Verhältnisse zwingen, das Differentialmanometer höher als das Einschnürungsorgan anzuordnen, so sind die Druckübertragungsleitungen trotzdem vom Einschnürungsorgan weg zunächst nach Möglichkeit einige Meter, wenigstens aber einen Meter, nach abwärts zu führen, damit etwa mitgerissene Luftbläschen in die Rohrleitung zurückperlen können. Bei wagrechten Rohrleitungen vermeidet man es, die Druckentnahmestelle oben anzuordnen, weil sich mitgerissene Luft dort am leichtesten ausscheidet. Ist die Druckübertragungsleitung sehr kurz und handelt es sich um die Messung heißen Wassers, so verlängert man sie durch Rohrschleifen oder man schaltet in sie Gefäße ein (z. B. Rohrstücke mit größerer Lichtweite) um bei größeren Mengenschwankungen das Eindringen von Heißwasser in das Differentialmanometer zu verhindern. Druckübertragungsleitungen sind vor Frost zu schützen.

3. Undichte Druckübertragungsleitungen. Die Druckübertragungsleitungen müssen unbedingt dicht sein; Anschlußstellen am Einschnürungsorgan und am Differentialmanometer sowie die Verbindungsstellen der einzelnen Rohre sind von Zeit zu Zeit daraufhin nachzusehen. Undichte Stellen in der Leitung des höheren Druckes („Plusleitung") ergeben Minusanzeigen, da die erzeugte Druckdifferenz verkleinert wird, während umgekehrt solche in der Leitung des geringeren Druckes („Minusleitung") Plusfehler zur Folge haben.

4. Belastung. a) Überlastungen. Die Einschnürungsorgane. an sich sind gegen Überlastungen unempfindlich, doch erzeugen sie in solchen Fällen Druckdifferenzen, welche den Meßbereich des angeschlossenen Differentialmanometers überschreiten. Auch kurzzeitige Überlastungen sind daher unbedingt zu vermeiden, da Differentialmanometer mit Membranen beschädigt werden können und solche mit Quecksilberfüllung unter Umständen infolge Durchschlagens derselben in der Folge falsch zeigen. Im Falle des Eindringens von Heißwasser können durch Aufquellen von empfindlichen Innenteilen aus Hartgummi usw. Beschädigungen entstehen. Überdies werden die Überlastungsmengen weder angezeigt noch verzeichnet, was einen entsprechenden Minusfehler bedeutet. Es ist daher besonders bei Verwendung solcher Messer für Speisewasser das Heizerpersonal entsprechend zu belehren. Beim Füllen leerer Kessel ist das Differentialmanometer abzuschalten.

b) Zu geringe Belastungen. Sinkt die Belastung unter $1/6$ bis $1/10$ der höchstzulässigen, so sinkt die erzeugte Druckdifferenz entsprechend der quadratischen Beziehung zwischen beiden Größen unter $1/36$ bis $1/100$ des Höchstwertes. Die hiebei noch vorhandenen Verstellkräfte sind sehr gering, wodurch sich je nach Bauart und Meßbereich des Differentialmanometers größere oder geringere Fehlanzeigen ergeben.

c) Meßbereichänderung. Wurde die größte Durchflußmenge bei Planung der Meßanlage falsch eingeschätzt oder haben sich später die Betriebsverhältnisse geändert, so kann man besonders bei Verwendung von Meßflanschen mit eingesetzten Stauscheiben den Meßbereich in weiten Grenzen durch Ausdrehen oder Austauschen der Stauscheibe nach Angabe des Erzeugers abändern; ersteres kommt nur bei Vergrößerung des Meßbereiches in Frage.

5. Fehler im Differentialmanometer. Die Differentialmanometer müssen genau wagrecht eingebaut und gut entlüftet sein; auch dürfen sie keine undichten Stellen haben. Falls sie eine Quecksilberfüllung besitzen, muß diese ein ganz bestimmtes, vom Hersteller angegebenes Gewicht aufweisen. Es empfiehlt sich, häufig, gegebenenfalls täglich, Nullpunktsüberprüfungen und in bestimmten Zeitabständen eingehendere Überprüfungen der Differentialmanometer durchzuführen.

6. Schaulinienauswertung bei Schreibgeräten. Zur Ermittlung der Gesamtdurchflußmenge während einer beliebigen Zeit, müssen die von den Schreibgeräten aufgezeichneten Diagramme planimetriert werden. Dabei ist zu beachten, daß bei vielen Meßgeräten die proportionale Mengenteilung erst etwa zwischen 15 und 25% des Meßbereiches beginnt, sodaß nur jene Abschnitte, in welchen die Kurve oberhalb der Proportionalitätsgrenze liegt, nach den vom Hersteller gegebenen Anweisungen planimetriert werden können. Restliche Teile sind rechnerisch auszuwerten. Dabei wird häufig ein Fehler in der Weise begangen, daß die zwischen der Kurve und der Nullinie liegende Fläche in ein flächengleiches Rechteck verwandelt, mit einem Ableselineal die Höhe dieses Rechteckes in Kubikmeter je Stunde oder in Kilogramm je Stunde ausgemessen und mit der Zeit in Stunden multipliziert wird. — Richtig ist es dagegen, diese Fläche in eine größere Zahl gleich breiter Streifen zu unterteilen und jeden Streifen gesondert mit dem Ablesemaßstab auszuwerten; die mittlere Belastung ergibt sich dann durch Bildung des arithmetischen Mittels der in den einzelnen Streifen ermittelten Belastungen. Erst der so gefundene Wert ist mit der Zahl der Stunden zu multiplizieren.

7. Temperaturberichtigung. Der Berechnung der Stauorgane ist immer eine bestimmte Temperatur des Wassers zugrunde gelegt. Bei Abweichungen von dieser Temperatur muß die Anzeige bzw. Aufschreibung oder Zählung mit einer Berichtigungszahl multipliziert werden. Dasselbe gilt bei elektrischen Zähleinrichtungen für die Zählerablesung. Je nachdem die Skala des Differentialmanometers bzw. das Konstantenschild des Zählers in Kubikmetern oder in Tonnen beschriftet ist, lauten diese Temperaturberichtigungszahlen:

$$K_{m^3} = \sqrt{\frac{\gamma_1}{\gamma_2}} \text{ bzw. } K_t = \sqrt{\frac{\gamma_2}{\gamma_1}}$$

Dabei bezeichnen γ_1 und γ_2 die spezifischen Gewichte des Wassers bei der der Berechnung zugrunde gelegten bzw. bei der tatsächlichen Temperatur. Druckschwankungen sind ohne Einfluß auf das Meßergebnis.

8. Umrechnung von Kubikmetern in Tonnen. Will man bei in Kubikmetern geeichten Messern das Ergebnis in Tonnen umrechnen, so ist die gegebenenfalls berichtigte Anzeige mit dem spezifischen Gewicht des Wassers in Tonnen je Kubikmeter zu multiplizieren. Es lautet also der Umrechnungsfaktor einschließlich Temperaturberichtigung:

$$U = \sqrt{\gamma_1 \cdot \gamma_2}.$$

C. Schwimmermesser

1. Einbau. Bei stark schlammführendem Wasser sollen Schlammabscheider vorgeschaltet werden, um eine Verklemmung des Schwimmers zu vermeiden. — Bei stoßweiser Beanspruchung soll vor dem Messer, wenn er nicht mit einer besonderen Bremsvorrichtung ausgerüstet ist, ein reichlich großes Ausgleichsgefäß von etwa 15fachem Hubvolumen eingebaut werden.

2. Inbetriebsetzung; Fehlanzeigen. Vor Inbetriebsetzung muß die Flüssigkeitsbremse, welche die Bewegungen des Schwimmers dämpft, mit der Bremsflüssigkeit (Wasser oder Öl) aufgefüllt und die Leichtigkeit ihres Ganges durch mehrmaliges Anheben der Spindel des Schwimmers überprüft werden. Vor Einschaltung des Messers muß der Zeiger des Gerätes genau auf die Nullinie der Skala einspielen, bzw. bei Ausschaltung dorthin zurückkehren. Erfolgt dies nicht, so ist die Leichtigkeit des Ganges der Meßeinrichtung zu überprüfen.

3. Druck- und Temperaturberichtigung. Bei Abweichungen des Druckes und der Temperatur von den der Berechnung zugrundegelegten Werten, muß das Ergebnis nach Anleitung des Herstellers entsprechend berichtigt werden.

D. Gewichtsmesser (offene Wassermesser)

Offene Wassermesser, welche für Warmwasser verwendet werden, sind zur Vermeidung von Wasserverlusten durch Verduntsung mit entsprechenden Abdeckungen zu versehen. Bei sehr hohen Wassertemperaturen ist die Verwendung offener Wassermesser nicht zu empfehlen.

Bei Gewichtsmessern kann Verunreinigung der offenen Meßgefäße die Messung durch Vergrößerung des Taragewichtes der Gefäße fälschen. Auf Reinhaltung der Wägegefäße ist daher stets zu achten.

Durch Anbringung von Ablaufschläuchen oder -rohren oder Änderung dieser Einrichtungen, dürfen die Leergewichte der Wägegefäße sowie die Abflußverhältnisse nicht gestört werden.

Nachprüfung von Wassermessern

Sämtliche Wassermengenmesser können durch Wägung der gemessenen Mengen oder mittels geeichter Behälter von entsprechender Größe überprüft werden. Ist dies nicht möglich, so sind Volumenmesser, Woltmann- oder Flügelradmesser sowie Schwimmermesser entweder durch Reihenschaltung mit einem verläßlich richtigen anderen Messer oder am besten beim Hersteller zu überprüfen. Differenzdruckmesser werden hinsichtlich der richtigen Arbeitsweise ihres Differentialmanometers überprüft, indem man entweder nur die Nullpunktsüberprüfung vornimmt oder aber an das gleiche Einschnürungsorgan ein zweites Differentialmanometer parallel schaltet; ist ein solches nicht vorhanden, so läßt man auf das zu untersuchende Differentialmanometer verschiedene Druckunterschiede einwirken (am einfachsten durch Heben eines mit Wasser gefüllten, an den „Plusanschluß" angeschlossenen Gummischlauches, während der „Minusanschluß" geöffnet ist) und vergleicht die sich ergebenden Anzeigen mit den Sollwerten, die beim Hersteller erfragbar sind. Ergeben sich Abweichungen, so ist bei Differentialmanometern mit Quecksilberfüllungen zu überprüfen, ob die vorgeschriebene Quecksilbermenge noch vorhanden ist.

Genauigkeit

Gerät	Genauigkeit		Bemerkung
Volumenmesser	± 1 bis 2%		Gilt oberhalb einer Messerbelastung von 15 bis 30% der Vollast, je nach Messergröße
Differenzdruckmesser mit mechanischer Übertragung	$\pm 2\%$		
Differenzdruckmesser mit elektrischer Übertragung und Zählung	$\pm 3\%$	der Ablesung	Oberhalb 12% der Vollast
Schwimmermesser	± 2 bis 3%		Oberhalb 5 bis 10% der Vollast
Woltmann- und Flügelradmesser	± 2 bis 3%		—
Kippwassermesser und Trommelmesser	$\pm 1\%$		—
Eichfähige automatische Flüssigkeitswaagen	$\pm 0,1\%$ (Eichwert)		—

Bei Schreibgeräten, deren Schaulinien zur Mengenermittlung bzw. zur Mittelwertbestimmung dienen, sind den angegebenen Werten die Fehler des Uhrwerkes, die Fehler durch Feuchtigkeitsdehnung des Papiers, sowie die Arbeitsfehler beim Planimetrieren, die zusammen mit etwa ± 1 bis 2% der vollen Schreibstreifenfläche bzw. Schreibhöhe einzuschätzen sind, zuzuzählen.

III. Dampfmengenmessung

Zur Dampfmengenmessung werden ausschließlich Strömungsmesser (Differenzdruckmesser oder Schwimmermesser) verwendet. Die Letztgenannten sind auch bei sehr geringen Belastungen (über 5% der höchstzulässigen Durchgangsmenge) gut verwendbar; bei den übrigen Dampfmessern liegt diese Grenze bei 10 bis 15%.

A) Differenzdruckmesser (Meßflansch, Düse, Venturirohr samt zugehörigem Differentialmanometer)

1. Einbau der Einschnürungsorgane. Zu den Angaben unter II, B, 1, Seite 9 (Wassermengenmessung) ist zu ergänzen, daß beide Druckentnahmestellen in einer Horizontalebene liegen müssen. Dies ist deshalb erforderlich, weil auf das Differentialmanometer nicht nur die durch Kondenswasser übertragene Druckdifferenz, sondern auch die Höhen der Kondenswassersäulen einwirken, deren Einfluß sich nur dann gegenseitig aufhebt, wenn sie in Plus- und Minusleitung gleich groß sind. Ist diese Bedingung wie z. B. bei Venturirohren in senkrechten oder geneigten Rohrleitungen nicht erfüllt, so ordnet man in gleicher Höhe nahe oberhalb der Druckentnahmestellen Kondensgefäße an, die mit ihnen durch kurze wärmeisolierte Steigleitungen verbunden sind, sodaß der Dampf erst in den Kondensgefäßen kondensiert.

2. Verlegung der Druckübertragungsleitungen. Die beiden Druckübertragungsleitungen sind unmittelbar von den Druckentnahmestellen weg zunächst ein längeres Stück genau wagrecht zu verlegen und dann mit Gefälle zum Differentialmanometer zu führen. Die wagrechte Rohrstrecke soll verhindern, daß durch das Nachströmen nicht sofort kondensierenden Dampfes in die Druckübertragungsleitung, wie es bei Schwankungen der Durchflußmenge eintritt, die Kondenswassersäulen verschieden hoch werden und so Meßfehler verursachen. Die notwendige Länge dieser wagrechten Rohrstrecke hängt einerseits von den Querschnittsverhältnissen im Differentialmanometer und der Lichtweite der Druckübertragungsleitung, anderseits von der Zahl der an ein und dasselbe Einschnürungsorgan angeschlossenen Differentialmanometer (anzeigende, schreibende, elektrisch zählende Geräte) ab; bei einer Lichtweite der Übertragungsleitung von 6 bis 10 mm und bei Anschluß eines Differentialmanometers genügen meist 6 bis 4 m. An Stelle der stets vorzuziehenden wagrechten Rohrstrecke kann man auch genügend große Kondensgefäße vorsehen, in welchen der Wasserspiegel bei Mengenschwankungen höchstens um wenige Zentimeter absinkt, wodurch ein nennenswerter Meßfehler vermieden wird.

Auch hier ist wie bei Wassermessern auf sorgfältige Entlüftung der Druckübertragungsleitungen großer Wert zu legen. Daher verlegt man diese, wenn das Einschnürungsorgan ausnahmsweise tiefer als das Differentialmanometer angeordnet werden muß, trotzdem nach der wagrechten Rohrstrecke bzw. nach dem Kondensgefäß, zunächst womöglich einige Meter, mindestens aber 1 m nach abwärts. Die Entlüftung der Übertragungsleitung kann durch Ausblasen erfolgen, wozu man Ausblaseventile an Abzweigungen der Übertragungsleitung vorsehen kann. Vor dem Ausblasen muß das Differentialmanometer abgeschaltet und darf erst dann wieder angeschlossen werden, wenn sich die gesamte Drucküberlagertragungsleitung wieder mit Kondenswasser gefüllt und abgekühlt hat, d. h. nur mehr handwarm ist. Die Druckübertragungsleitung ist gegen Frost zu schützen.

3. Undichte Druckübertragungsleitungen. Siehe II, B, 3, Seite 10 (Wassermengenmessung).

4. Belastung. Zu den Angaben unter II, B, 4., Seite 9, ist zu ergänzen, daß die Belastung möglichst gleichmäßig (nicht pulsierend) sein soll. Bei Einbau vor Kolbendampfmaschinen ist mit Meßfehlern zu rechnen, die unter besonders ungünstigen Umständen durch Resonanzerscheinungen sehr beträchtlich werden können.

5. Fehler im Differentialmanometer. Siehe II, B, 5. Seite 10 (Wassermengenmessung).

6. Schaulinienauswertung bei Schreibgeräten. Siehe II, B, 6, Seite 11 (Wassermengenmessung).

7. Druck- und Temperaturberichtigung. Der Berechnung der Einschnürungsorgane liegt stets ein bestimmter Druck und bei überhitztem Dampf eine bestimmte Temperatur zugrunde. Zur Messung der tatsächlichen Werte empfehlen sich Druck- und Temperaturschreibgeräte. Druckabweichungen von 5% ergeben bereits einen Fehler von etwa $2\frac{1}{2}$%, Temperaturabweichungen von über 10% bei einer Temperatur von 200° etwa 2,3%, bei 300° etwa 2,7%, bei 400° etwa 3,1%. Daher muß die Anzeige bzw. Aufschreibung oder Zählung berichtigt werden. Die bezügliche Berichtigungszahl entnimmt man den Tafeln des Herstellers. Verwendet man Differentialmanometer mit selbsttätiger Druckberichtigung, so muß man unbedingt auch die Temperaturabweichungen berücksichtigen, da sonst ein größerer Meßfehler entstehen kann als ohne selbsttätige Druckberichtigung; laufen nämlich Druck- und Temperaturänderungen parallel, so haben die zugehörigen Berichtigungsziffern verschiedene Vorzeichen.

B. Schwimmermesser
(Siehe auch II. C, Seite 12)

1. Schutz der Bremsflüssigkeit. Bei Messung von Heißdampf soll bei Schwimmermessern eine weitgehende Trennung des Bremszylinders vom übrigen Apparat vorgesehen sein, um ein Verdampfen der Bremsflüssigkeit und damit ein Schlagen des Messers zu vermeiden. Auch bei stoßweiser Dampfentnahme empfehlen sich solche Sonderausführungen „mit Zwischenrohr", um ein Heraussaugen der Bremsflüssigkeit zu verhindern.

2. Auswertung. Druck- und Temperaturverhältnisse des Dampfes sind bei der Auswertung der Anzeigen zu berücksichtigen. (Siehe auch III, A, 7, Seite 15.)

Nachprüfung von Dampfmessern

Dampfmesser versucht man häufig durch Messung des Kondensates oder des Speisewassers zu überprüfen. Hiebei ist darauf zu achten (insbesonders wenn zur Nachprüfung das Speisewasser gemessen wird), daß tatsächlich der gesamte erzeugte Dampf gemessen wird (daß also keine Dampfentnahme für Speisepumpen, Rostgebläse usw. vor Einbau des Stauorganes oder Schwimmermessers stattfindet), daß während der Versuchsdauer weder Sicherheitsventile abblasen, noch Abschlammventile, welche verläßlich dicht sein müssen, betätigt werden und daß Wasserstand und Druck im Kessel zu Beginn und am Ende des Versuches gleich sind. Eine derartige Messung muß sich stets über eine größere Zeitspanne (mindestens zwei Stunden) erstrecken.

Differenzdruckmesser werden hinsichtlich der richtigen Arbeitsweise ihres Differentialmanometers überprüft. (Vgl. Abschn. II.)

Genauigkeit

Gerät	Genauigkeit	Bemerkung
Differenzdruckmesser mit mechanischer Übertragung	$\pm 2\%$ der Ablesung	Gilt oberhalb einer Messerbelastung von etwa 12% der Vollast
Differenzdruckmesser mit elektrischer Übertragung und Zählung	$\pm 3\%$ der Ablesung	
Schwimmermesser	± 2 bis 3% der Ablesung	Gilt oberhalb einer Messerbelastung von 5 bis 10% der Vollast, je nach Messergröße

Bei Schreibgeräten, deren Schaulinien zur Mengenermittlung bzw. zur Mittelwertbestimmung dienen, sind den angegebenen Werten die Fehler des Uhrwerkes, die Fehler durch Feuchtigkeitsdehnung des Papiers sowie die Arbeitsfehler beim Planimetrieren, die zusammen mit etwa $\pm$ 1 bis 2% der vollen Schreibstreifenfläche bzw. Schreibhöhe einzuschätzen sind, zuzuzählen.

IV. Luft- und Gasmengenmessung

Über Messung von Verbrennungsluft- oder Rauchgasmengen vgl. I, C, Seite 4.

V. Druck- und Unterdruck-(Zug-)Messung

Druck- und Unterdruck (Zug) werden durch Geräte mit Flüssigkeitssäulen (in beweglicher Anordnung: "Tauchglocken," "Ringwaagen"), ferner durch Geräte mit Platten-, Röhren- oder Kapselfedern gemessen. Flüssigkeitssäulen werden im allgemeinen zur Messung sehr geringer Drucke bzw. Unterdrucke (Kondensatorspannungen usw.) bevorzugt. Ferner wird der dynamische Druck strömender Flüssigkeiten meist mit Flüssigkeitssäulen unter Zuhilfenahme von Staurohren, Stauscheiben u. dgl. gemessen.

Unrichtige Messungen können durch Mängel der Beschaffenheit der Meßgeräte, ihrer Anbringung oder ihres Betriebes verursacht werden.

A. Beschaffenheit der Geräte

Sämtliche Druck- und Unterdruckmesser sollen vor Verwendung vom Erzeuger geeicht werden. Versuchsgeräte sind nach Möglichkeit vor jedem Versuch nachzueichen. In Geräten mit Hebeln und Gelenken ist toter Gang zu vermeiden. Glasrohre für Flüssigkeitssäulen sollen an der Ablesestelle nicht zu eng sein (bei Quecksilbersäule möglichst nicht unter 8 mm l. W.), um Fehler durch Kapillarwirkung zu vermeiden. Bei Federgeräten ist auf zweckmäßigen Werkstoff der Feder bzw. auf Schutz der Feder gegen mechanische und chemische Angriffe besonders zu achten (bei starken Erschütterungen besondere Bauweise; mit Kupfer ausgekleidete Stahlrohrfedern bieten Schutz gegen Rost; bei Plattenfedermanometern soll die Stahlfeder mit einem entsprechenden Schutzbelag versehen sein usw.). Feinmeßmanometer sollen bei der Unterschreitung des Nullpunktes nicht gehemmt sein, d. h. keinen Anschlagstift für den Zeiger haben.

B. Anbringung

Geräte mit Flüssigkeitssäulen sollen mit einer Flüssigkeit gefüllt werden, welche das gleiche spezifische Gewicht besitzt wie die bei der Eichung verwendete Flüssigkeit. Bei abweichenden Temperaturen ist die Änderung des spezifischen Gewichtes zu berücksichtigen.

Die Meßgeräte sollen in derselben Lage angebracht werden, welche sie bei der Eichung hatten. Eine andere Lage erfordert, insbesondere bei Feinmeßgeräten, eine Nacheichung. Flüssigkeitssäulen-Geräte haben, abgesehen von Zugmessern mit schrägem Rohr, normalerweise senkrechte Lage der Rohrachse, die übrigen Geräte senkrechte Stellung der Zifferblattebene, Anschlußzapfen nach unten.

Auf richtige Anordnung der Meßstelle ist zu achten. Für die Messung des (statischen) Druckes bei strömenden Medien sollen die Mündungen des Anschlußrohres am Ende senkrecht zu seiner Achse abgeschnitten und unter Abrundung sanft erweitert sein. Das Rohr soll nicht in den Strömungsquerschnitt, in welchem der Druck zu messen ist, hineinragen.

(Für Messungen dynamischer Drucke sind die Gebrauchsvorschriften der Meßgeräte sorgfältig zu beachten.)

Steht über dem Meßgerät in der Verbindungsleitung zur Meßstelle noch eine Flüssigkeitssäule, so ist ihre Höhe bei der Messung zu berücksichtigen bzw. das Gerät entsprechend zu eichen.

C. Betrieb

Das Gerät soll nach Möglichkeit bei der Temperatur verwendet werden, bei welcher es geeicht wurde (normal 20⁰ C). Andere Temperaturen beeinflussen die Meßgenauigkeit ungünstig; Federgeräte dürfen höchstens handwarm werden, sind also besonders auch vor strahlender Wärme zu schützen. (Wasservorlage anbringen und gefüllt halten.)

Federgeräte dürfen nicht überlastet werden. Bei ruhender Belastung soll der normale Stand (höchster Betriebsdruck) zwei Drittel der Teilung, bei stoßweiser Belastung die Hälfte der Teilung betragen. Bei Federgeräten soll der Anfangspunkt der Teilung nicht unterschritten werden.

Geräten, welche starken Druckstößen ausgesetzt sind, ist eine Schutzvorrichtung vorzuschalten (Drosselung oder Querschnittserweiterung der Leitung).

Bei dauernden · Erschütterungen sind Sonderausführungen zu verwenden.

Infolge der vielen Fehlermöglichkeiten sind für Betriebsgeräte regelmäßige Überprüfungen bzw. Nacheichungen am Platze. Kontrollgeräte sollen öfter überprüft werden als Betriebsgeräte. Im Notfalle zeigt der Vergleich von zwei nebeneinander angeschlossenen Geräten, ob ein Meßfehler zu vermuten ist oder nicht.

Nachprüfung

Platten- und Röhrenfedermanometer für Unterdruckmessungen und geringe Überdrucke werden mit Hilfe von zweischenkeligen Flüssigkeitsmanometern geeicht. Manometer für mittlere und hohe Drucke eicht man mit gewichtsbelastetem Kolben. Hiebei wird ein Kolben von bekanntem Querschnitt mit bekannten Gewichten belastet und zur Verminderung des Einflusses der Wandreibung in Drehung versetzt. In der unter dem Kolben befindlichen Flüssigkeit (Öl oder Glyzerin) wird ein Überdruck erzeugt, dessen Größe durch

$$\frac{\text{Gewicht in kg}}{\text{Fläche des Kolbens in cm}^2} = \text{kg/cm}^2 = \text{at}$$

gegeben ist. Das Kolbengewicht ist den aufgelegten Gewichten zuzuzählen.

Genauigkeit

Gerät	Genauigkeit	Bemerkung
Plattenfedermanometer	± 3 bis 5%	Gilt vom Skalenendwert. Die niedrigen Prozentzahlen beziehen sich auf neue Geräte (gute Handelsware). Für Feinmeßgeräte (nur Rohrfedermanometer) gelten die halben Werte.
Rohrfedermanometer	± 2 bis 3%	Wie vorstehend.
Flüssigkeitssäulen	—	Die Ablesegenauigkeit beträgt mit freiem Auge 1 mm, mit Lupe 0,1 mm.

Bei Schreibgeräten, deren Schaulinien zur Mittelwertbestimmung dienen, sind den angegebenen Werten die Fehler des Uhrwerkes, die Fehler durch Feuchtigkeitsdehnung des Papiers, sowie die Arbeitsfehler beim Planimetrieren, die zusammen mit etwa ± 1 bis 2% der vollen Schreibhöhe einzuschätzen sind, zuzuzählen.

VI. Rauchgasprüfung
A. Gasentnahme

Je nach dem Zweck der Rauchgasprüfung hat die Gasentnahme an verschiedenen Stellen des Rauchgasweges zu erfolgen. Zur Bestimmung des Schornsteinverlustes soll die Gasprobe unmittelbar vor dem Rauchschieber (im Fuchs), oder, wenn dieser Verlust für mehrere Feuerungen mit gemeinsamen Rauchabzug gefunden werden soll, vor dem Hauptschieber im gemeinsamen Essenkanal entnommen werden.

Über die Feuerführung gibt hingegen die Analyse der Gasprobe aus dem ersten Feuerzug bessere Anhaltspunkte, wenn dort die Rauchgase keine oder wenig Falschluft enthalten.

Durch Gegenüberstellung von gleichzeitig an verschiedenen Stellen des Rauchgasweges entnommenen Gasproben, kann man unter Umständen auf den Falschluftzutritt im Zwischenbereich schließen und damit Anhaltspunkte über den Zustand der Kesseleinmauerung, des Rauchschiebers usw. gewinnen.

Für die Gasentnahme gilt:

1. Die Entnahme soll stets in der Mitte des Gasstromes erfolgen (am besten an Stellen höchster Temperatur). Entnahme in der Nähe der Wand bewirkt bei Saugzug Verdünnung des Rauchgases, wenn durch das Mauerwerk Luft eindringt. — Bei Gasentnahme im Hauptrauchkanal mehrerer Feuerungen vor dem Hauptschieber ist darauf zu achten, daß nicht durch stilliegende Feuerungen Falschluft in den Hauptkanal tritt. (Zwischenschieber abdichten, nötigenfalls blind vermauern.)

2. Um das Entnahmerohr (meist Eisenrohr, von etwa 10 mm l. W.) gegen Verstopfung durch Ruß und Flugasche zu schützen, ist die Anbringung eines keramischen Filters am Rohrende empfehlenswert. Das Filter muß die für den verwendeten Rauchgasprüfer in der Zeiteinheit erforderliche Gasprobemenge ohne wesentlichen Widerstand (höchstens etwa 40 mm W. S.) hindurchtreten lassen. Andernfalls kommt eine Verlängerung des Filterzylinders oder außerhalb des Mauerwerkes die Anwendung von Filtergefäßen mit Koks, Schamottegrieß, Holzwolle, in Betracht. Das Entnahmerohr soll dicht und möglichst kurz sein (Abb. 1). Vor Eintritt in den Rauchgasprüfer ist das Rauchgas möglichst von Feuchtigkeit zu befreien (Kühlung, Trocknung). Etwaiges Kondenswasser ist in ein Sammelgefäß derart abzuleiten, daß es weder dem Filter noch dem Meßgerät zufließt.

3. Leitungen außerhalb des Mauerwerkes für ungefiltertes und ungetrocknetes Gas sollen entweder aus Gasrohren oder aus starken Bleirohren hergestellt werden, wobei Richtungsänderungen zwecks leichter Reinigung der Leitung mittels T- oder Kreuzstücken durchzuführen sind. Für reines und trockenes Gas sind zur Fortleitung Kupfer- oder Bleirohre mit 3 bis 8 mm l. W. zu verwenden, um die Anzeigeverzögerung

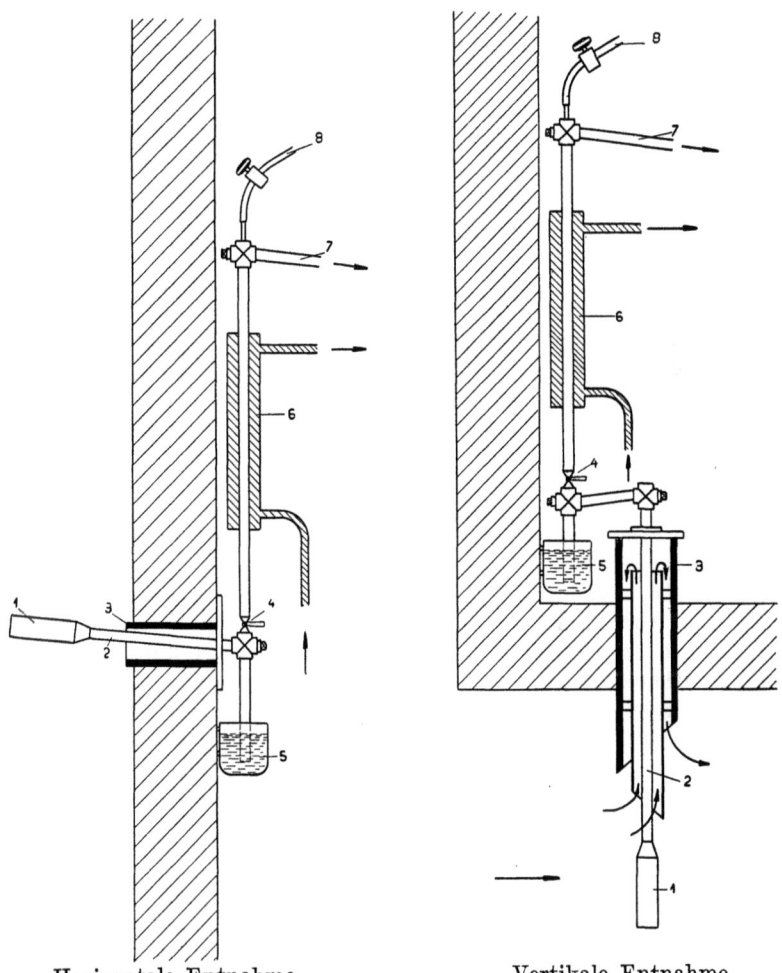

Horizontale Entnahme   Vertikale Entnahme
Abb. 1

1 ... Filter;
2 ... Entnahmerohr, bei horizontalem Einbau nach außen geneigt, bei vertikalem Einbau;
3 ... Eisenrohr (bei vertikaler Entnahme mit Heizmantel);
4 ... Absperrhahn;
5 ... Wasserabscheider;
6 ... Kühler;
7 ... Rauchgasprüferanschluß;
8 ... Anschluß für den Kontrollapparat.

bei selbsttätigen Rauchgasprüfern möglichst herabzusetzen. Die gesamte Ansaugeleitung vom Austritt aus dem Mauerwerk bis zum Anschluß an den Rauchgasprüfer, soll auf Dichtheit geprüft werden können. (Absperrhahn beim Austritt aus dem Mauerwerk.)

4. Der Gasinhalt der Entnahmeleitung ist vor einer Analyse mit handbedientem Rauchgasprüfer vollkommen abzusaugen, um eine Gasprobe zu erhalten, welche dem zu beurteilenden Zustand im Rauchgasstrom der Feuerung möglichst entspricht.

5. Werden handbediente Rauchgasprüfer für Zwecke der laufenden Betriebsüberwachung verwendet, so ist dauernd in gleichmäßigem Strome Gas zu einer Sammelprobe zu entnehmen. Bei Verwendung eines Absaugegefäßes dient als Sperrflüssigkeit gesättigte Kochsalzlösung oder Wasser mit einer Ölschicht, um eine fälschende Gasaufnahme zu vermeiden. Bei besonders genauen Untersuchungen dürfen diese Sperrflüssigkeiten zur Bestimmung von schweren Kohlenwasserstoffen nicht verwendet werden.

6. Die Ansaugeleitung für selbsttätige Rauchgasprüfer soll ein T-Stück oder Kreuzstück mit Schlauchhahn zur Überprüfung der gleichen Gasprobe durch eine Handanalyse enthalten und eine Umstellung auf Luftansaugung gestatten. Dieses T- oder Kreuzstück muß so angebracht werden, daß es bei Dichtheitsprobe nach 3. mit überprüft wird (Abb. 1).

7. Um chemische Einwirkung der Entnahmerohre auf die Rauchgase zu vermeiden, verwendet man bei Entnahme heißer Gase (über 500° C) wassergekühlte Eisenrohre oder Quarz- bzw. glasierte Porzellanrohre, bei stark schwefelhältiger Kohle zur Weiterleitung der Gase Bleirohre.

B. Analyse der Gasprobe

Sie kann entweder von Hand aus mittels Rauchgasprüfern nach Orsat u. a. oder durch verschiedene Arten selbstanzeigender oder -schreibender Rauchgasprüfer erfolgen. In den meisten Fällen handelt es sich nur um die Bestimmung des Gehaltes der Gasprobe an Kohlensäure (CO_2), seltener um Kohlenoxyd bzw. Kohlenoxyd und Wasserstoff (CO bzw. $CO + H_2$), zuweilen auch um Sauerstoff (O), schwere Kohlenwasserstoffe (CmHn) und Methan (CH_4).

1. Rauchgasprüfer nach Orsat zur Bestimmung von CO_2, O_2 und CO. Die Bestimmung beruht auf der Absorption dieser Gase durch bestimmte Stoffe.

a) Absorptionsmittel

α) Für Kohlensäure: Kalilauge im Lösungsverhältnis 100 g Ätzkali auf 200 g destilliertes Wasser (spezifisches Gewicht der Lösung 1,27).

b) Für Sauerstoff: Konzentrierte alkalische Pyrogallollösung. Lösungsverhältnis: 20 g Pyrogallol auf 100 ccm konzentrierte Kali-

lauge (200 g Ätzkali auf 150 g destilliertes Wasser, spezifisches Gewicht der Lösung 1,5). Da die Lösung begierig Luftsauerstoff aufnimmt, wird sie in dem Absorptionsgefäß selbst hergestellt. (Außer Gebrauch muß dieses Absorptionsgefäß luftdicht abgeschlossen sein.)
An Stelle von Pyrogallollösung wird auch weißer Phosphor (Vorsicht: Gift, Brandgefahr!) mit Wasser als Sperrflüssigkeit verwendet.

c) *Für Kohlenoxyd*: Ammoniakalische Kupferchlorürlösung: 50 g Ammoniumchlorid (Salmiak) werden in 150 ccm destilliertem Wasser gelöst und 40 g Kupferchlorür zugesetzt. Diese grüne Lösung I wird gesondert in einer Flasche aufbewahrt. In einer zweiten Flasche verwahrt man 600 ccm einer 26%igen Ammoniaklösung als farblose, wasserhelle Lösung. Unmittelbar vor Gebrauch mischt man zu 1 Raumteil der grünen Kupferchlorürlösung I, 3½ Raumteile der farblosen Ammoniaklösung II. Es entsteht zunächst ein weißer Niederschlag, der sich mit tiefvioletter Farbe löst. Diese Mischung muß in dem Absorptionsgefäß selbst erfolgen. — Da die CO-Absorption sehr träge vor sich geht und die Lösung bald unwirksam wird, empfiehlt es sich, zwei Absorptionsgefäße mit ammoniakalischer Kupferchlorürlösung hintereinander zu schalten.

Die Bestimmung von Kohlenoxyd in Apparaten nach Orsat durch Absorption mittels ammoniakalischer Kupferchlorürlösung ist wohl mangels anderweitiger geeigneterer Verfahren für Zwecke der Betriebsüberwachung noch vielfach in Gebrauch, sollte aber wegen ihrer großen Unzuverlässigkeit womöglich nicht angewendet werden.

Über das Verhalten der einzelnen Rauchgasbestandteile zu den angeführten Absorptionsmitteln gibt folgende Übersicht Aufschluß:

Gase	Absorptionsmittel				Sperrwasser (rein)
	Kalilauge	alkal. Pyrogallollösung	weißer Phosphor	ammoniak. Kupferchlorürlösung	
CO_2	sehr starke Absorption (2—3 mal Überführg.)	von der enthaltenen Kalilauge sehr stark absorb.	keine Absorption	keine Absorption	Absorption stark
O_2	keine Absorption	bei 20° gute Absorption bei tiefen Temperaturen träge		Absorption stark	Absorption wenig
CO	keine Absorption	keine Absorption		Absorption langsam (2 Absorpt.-Gefäße)	Absorption sehr schwach

Gase	Absorptionsmittel				Sperrwasser (rein)
	Kalilauge	alkal. Pyrogallollösung	weißer Phosphor	ammoniak. Kupferchlorürlösung	
H_2	keine Absorption	keine Absorption		Verlangs. d. Absorpt.	Absorption wenig
Ammoniakdämpfe	Absorption leicht			Volumzunahme d. Gasrestes inf. Aufnahme v. Ammoniakdämpfen	Absorption wenig

Aus dieser Tafel ist ersichtlich, daß die einzelnen Gase von mehr als einem Absorptionsmittel aufgenommen werden, wodurch bei Unachtsamkeit unrichtige Analysenergebnisse vorkommen können.

b) Beschaffenheit und Handhabung

a) Mit *Phosphor* gefüllte Absorptionsgefäße sollen aus braunem oder rotem Glas sein, da weißer Phosphor durch die Lichtstrahlen oberflächlich in inaktiven roten Phosphor umgewandelt wird.

b) Als *Sperrflüssigkeit* ist zur Vermeidung unerwünschter Absorption eine Chlorkalzium- oder starke Kochsalzlösung am Platze, welche mittels Durchperlen mit dem zu untersuchenden Gas möglichst zu sättigen ist.

c) Vor Gebrauch ist das *Dichthalten* aller Schlauch- und Hahnverbindungen zu prüfen. (Heben der Niveauflasche bei geschlossenen Hähnen.) Undichtheiten sind unbedingt zu beseitigen.

d) Alle Flüssigkeiten des Apparates müssen vor Beginn der Analyse *Raumtemperatur* angenommen haben.

e) Temperaturänderungen während der Messung sind zu vermeiden. (3^0 Temperaturänderung ergeben etwa 1% Fehler in bezug auf die Volumenanzeige [restliche Gasmenge]).

f) Nach Ansaugen der Gasprobe ist innerhalb des Apparates *Druckausgleich* zwischen Probe und Raumluft herzustellen.

g) Die *Bestimmung* der einzelnen Gasbestandteile muß in folgender Reihenfolge geschehen: zuerst CO_2, dann O_2 und zuletzt CO. Jede Gasabsorption muß so oft unmittelbar hintereinander wiederholt werden, bis durch die letzten zwei Ablesungen am Meßgefäße gleichbleibendes Volumen festgestellt wurde, der Gasrest daher vollkommen absorbiert ist. (Namentlich bei O_2 und CO, da diese träge auf ihre Absorptionsmittel wirken.) Bei Temperaturen unter 10^0 C erfolgen die Absorptionen nur sehr langsam.

h) Nach der vollständigen Absorption von O_2 und CO soll der Gasrest vor der Ablesung in ein mit verdünnter Schwefelsäure gefülltes Absorptionsgefäß geleitet werden, damit die bei der CO-Absorption aufgenommenen Ammoniakdämpfe zurückbehalten werden. Für Betriebsversuche genügt das Ansäuern der Sperrflüssigkeit mit Salzsäure.

j) Sind Absorptionsmittel in das Hahnsystem oder in das Meßgefäß eingetreten, so ist die Analyse abzubrechen und der Apparat zu reinigen.

k) Die Summe der perzentuellen Gehalte beider Abgasbestandteile (CO_2 und O_2) kann bei vollkommener Verbrennung von Kohle höchstens 21% betragen. (Der wahre Höchstwert läßt sich aus der Analyse der Kohle berechnen und hängt von deren Wasserstoff- und Schwefelgehalt ab.) Bei Gasen, welche bereits vor ihrer Verbrennung einen größeren CO_2-Gehalt aufweisen, kann die Summe von CO_2 und O_2 in den Abgasen im allgemeinen größer sein als 21%. Auch bei Auftreten von CO in den Abgasen (unvollkommene Verbrennung) kann die Summe von CO_2, O_2 und CO den Wert 21% übersteigen.

2. Erweiterte Rauchgasprüfer nach Orsat. Sind außer den perzentuellen Gehalten an CO_2, CO und O_2 in den Rauchgasen auch diejenigen der anderen Bestandteile wie H_2, CH_4 und die schweren ungesättigten Kohlenwasserstoffe (CmHn) zu bestimmen, so wird der erweiterte Orsat-Apparat benützt. Dieser enthält außer den drei bereits erwähnten Absorptionsgefäßen noch eines, gefüllt mit rauchender Schwefelsäure zur Absorption der schweren Kohlenwasserstoffe und eine Verbrennungskapillare mit einem zugeschlossenen Wassergefäß, in welchem die Volumverminderung des Gasrestes nach Verbrennung von H_2 und CH_4 in der Kapillare festgestellt wird.

Beschaffenheit und Handhabung: vergleiche zunächst VI, B, b, *a* bis *e*, Seite 24.

f) Die Reihenfolge der Absorptionen ist: CO_2, schwere Kohlenwasserstoffe, O_2, CO, dann Verbrennung von H_2 und CH_4. Man drückt daher das gemessene Gasvolumen zuerst durch das Gefäß mit Kalilauge (absorbiert CO_2), dann durch das Gefäß mit rauchender Schwefelsäure (absorbiert CmHn). Bevor man jedoch diese Ablesung endgültig festsetzt, führt man den Gasrest noch einmal in das Gefäß mit Kalilauge, um eine allenfalls eintretende Volumvermehrung durch mitgenommenen Schwefelsäurerauch nicht als Minderanzeige von CmHn zu verzeichnen. Den verbleibenden Gasrest drückt man nun in das Gefäß mit alkalischer Pyrogallollösung (absorbiert O_2) und in weiterer Folge in das Gefäß mit ammoniakalischer Kupferchlorürlösung (absorbiert CO). Bevor man zur weiteren Analyse schreitet, führt man den Gasrest noch einmal ins Schwefelsäuregefäß, um allenfalls mitgerissene Ammoniakdämpfe zu beseitigen und hierauf noch einmal ins Kalilaugegefäß, um den Rauch der Schwefelsäure zu beseitigen. Der nun verbleibende Gasrest wird nur zum Teil der Verbrennung zugeführt. Einen Teil überführt man in das Gefäß mit Pyrogallollösung (für spätere Kontrollproben), während man den Rest mit der zehnfachen Luftmenge mischt und durch die geheizte Kapillare ins Wassergefäß drückt. Man kann jedoch auch den gesamten Gasrest durch ein mit feinkörnigem CuO_2 gefülltes, beheiztes Rohr in das Gefäß mit Wasser drücken; das CuO_2 gibt den zur Verbrennung notwendigen Sauerstoff ab und wird dann mittels Luft, die durch das glühende Rohr hindurchgeleitet wird, regeneriert. Nach zweimaligem Durchsaugen ist die Verbrennung vollendet; die eingetretene Volumverminderung ergibt dann ein Maß für den Gehalt an H_2 und CH_4. Wird nun dieser Gasrest nochmals in das Kalilaugegefäß überführt und das gebildete CO_2 gemessen, so ergibt sich daraus der Gehalt an CH_4 und als Differenz der Gehalt an H_2.

g) Die Differenz der Summe sämtlicher durch die vorstehenden Analysen gefundenen perzentuellen Gasgehalte auf 100% ist N_2.

h) Vergleiche VI, B, b, j, Seite 25.

3. **Handbediente Rauchgasprüfer mit festen Absorptionsmitteln.** Diese Apparate sind von verschiedener Bauart und beruhen größtenteils auf dem Prinzip der CO_2-Absorption durch gebrannten und gelöschten Kalk oder Ätzkali. Ihre kleinen Abmessungen machen sie für stichprobenweise Kohlensäurebestimmung auf Reisen geeignet. Vorzuziehen sind Bauarten, welche auf Dichtheit und Absorptionsfähigkeit leicht nachgeprüft werden können.

4. **Selbsttätige Rauchgasprüfer auf chemischer Grundlage.** Diese Apparate sind von sehr verschiedener Bauart, arbeiten jedoch alle mit CO_2-Absorption durch Kalilauge. Sind sie auch für die Bestimmung des Gehaltes an unverbrannten Gasen eingerichtet, so enthalten sie außer den sonstigen Einrichtungen noch eine Verbrennungskapillare und eine Umsteuervorrichtung. Während eine Gasprobe unmittelbar in das Absorptionsgefäß geleitet und ihr Gehalt an CO_2 bestimmt wird, wird die nächstfolgende Gasprobe durch die Umsteuervorrichtung zunächst in die Verbrennungskapillare geleitet, dort unter Zuhilfenahme eines Katalysators oder eines Oxydationsmittels (CuO_2) vollständig verbrannt und sodann in das Absorptionsgefäß geleitet, wo der CO_2-Gehalt bestimmt wird. Diese Analyse gibt die Summe der Gehalte an CO_2 und unverbrannten Gasen an. Die Differenz beider Angaben entspricht ungefähr dem Gehalt an unverbrannten Gasen.

Beschaffenheit und Betrieb.[1]

a) Alle Leitungen und Verbindungen müssen dicht sein.

b) Die Absperrvorrichtungen müssen so eingestellt sein, daß genau

---

[1] Vgl. hiezu VI, A und B, 1, S. 20 bis 25.

100 Raumteile Gasprobe der Analyse zugeführt werden. (Die Richtigkeit der Nullprobe laut e allein genügt nicht!)

c) Die Sperrflüssigkeiten müssen ihre Aufgabe erfüllen und die Gaswege dürfen nicht verunreinigt und verstopft sein; hiezu ist sorgfältige Filterung des Rauchgases geboten.

d) Die Kalilauge muß genügend absorptionsfähig sein. (Grenze bei Absorption von 40 ccm CO_2 durch 1 ccm Kalilauge; 100 ccm Kalilauge sind bei 10% CO_2 und 30 Analysen pro Stunde in etwa 13 Stunden erschöpft.

e) Der Apparat muß bei Umstellung auf Luftansaugung auf Null einspielen. Seine CO_2-Analyse muß mit der eines richtigen Orsat-Apparates übereinstimmen. Diese ist betriebsmäßig an einer knapp vor dem selbsttätigen Rauchgasprüfer entnommenen, zeitlich entsprechenden Gasprobe durchzuführen.

5. **Selbsttätige Rauchgasprüfer auf physikalischer Grundlage.** Die Wirkungsweise dieser Apparate steht mit den verschiedenen physikalischen Eigenschaften der Rauchgasbestandteile (spezifisches Gewicht, Zähigkeit, Wärmeleitfähigkeit) im Zusammenhang. Einen Überblick über diese Eigenschaften gibt folgende Tafel (nach Landolt und Börnstein):

	CO_2	CO	O_2	N_2	H_2O	H_2	CH_4
1. Spez. Gewicht kg/m³ (0^0, 760 mm)	1,965	1,250	1,429	1,251	0,804	0,090	0,716
2. Zähigkeit (γ) bei 0^0 $\gamma \cdot 10^6 =$	141	163	193	165	90,4	85,0	104
3. Verhältnis beider	72	130	135	132	112	950	145
4. Wärmeleitzahl (bezogen auf Luft = 100)	59	98	102	99	130	710	139

Die abweichenden Werte bestimmter Größen in bezug auf CO_2 gestatten einen Schluß auf den CO_2-Gehalt der Abgase. Soll auch der Gehalt an unverbrannten Gasen ermittelt werden, so werden die Gasproben einer Verbrennung unterworfen. Der Gehalt an unverbrannten Gasen wird durch die Menge des entstandenen CO_2 oder durch die bei der Verbrennung auftretende Temperaturerhöhung gemessen.

Beschaffenheit und Betrieb.

Im allgemeinen gelten auch hier die Punkte VI, A, und B, b, a und e, Seite 20 u. 24.

Da die Anzeigen dieser Apparate nicht nur von den zu messenden Größen wie CO_2, CO und H_2 allein abhängig sind, sondern auch durch sonstige chemische und physikalische Eigenschaften des untersuchten Gases beeinflußt werden, sind sie unter betriebsmäßigen Verhältnissen geeicht. Ihre regelmäßige Überprüfung durch den Orsat-Apparat ist geboten. Künstlich hergestellte Gemische aus Luft und Kohlensäure eignen sich zur Überprüfung von CO_2-Prüfern auf physikalischer Grundlage nicht. Bezüglich Wartung der Apparate muß mit Rücksicht auf die grundsätzlichen Unterschiede der verschiedenen Bauarten auf die Bedienungsvorschriften verwiesen werden.

Nachprüfung von Rauchgasprüfern

Zur Überprüfung von selbsttätigen Rauchgasprüfern ist nach einer vorzunehmenden Nullpunktskontrolle eine Rauchgasprobe, welche in einem Behälter gesammelt wurde, bei gleicher Temperatur in dem zu prüfenden selbsttätigen Rauchgasprüfer und in einem richtigen Apparat nach Orsat vergleichsweise zu untersuchen.

Genauigkeit

Gerät	Genauigkeit	Bemerkung
Apparate nach Orsat: Für Kohlensäureabsorption durch Kalilauge und Sauerstoffabsorption durch alkalische Pyrogallollösung oder weißen Phosphor	± 0,1 bis 0,3 %	(Bezogen auf 100% Gasprobe.) Die ungünstigeren Werte gelten für Apparate mit unter 100, die höheren Werte für Apparate mit 100 und mehr ccm Gasprobemenge. Über zulässige Fehlergrenzen bei Bestimmung von schweren Kohlenwasserstoffen, Kohlenoxyd und Methan können bestimmte Anhaltswerte nicht angegeben werden. Im allgemeinen sind die Fehler hiebei schon durch andere Umstände wesentlich höher als bei den anderen Bestimmungen mit Apparaten nach Orsat
Sonstige handbediente Rauchgasprüfer: Für Kohlensäureabsorption durch feste Absorptionsmittel	± 0,3 bis 2 %	Gilt von 100% Gasprobe

Gerät	Genauigkeit	Bemerkung
Selbsttätige Rauchgasprüfer: Für Kohlensäureabsorption durch Kalilauge (typische chemische Rauchgasprüfer mit einem Meßbereich von 0 bis 20 oder 0 bis 30% CO_2)	± 0,25 bis 1%	Gilt von 100% Gasprobe
Elektrische Rauchgasprüfer zur Kohlensäurebestimmung auf Grund ihres Wärmeleitvermögens	± 0,2 bis 0,5%	Gilt von 100% Gasprobe. Nichtvorhandensein von freiem Wasserstoff im Gas ist Voraussetzung. Durch nicht ausgeglichene Schwankungen des Batteriestromes entstehen ferner für 1% Stromschwankung etwa 1,7% Fehler
Elektrische Rauchgasprüfer zur Bestimmung von Kohlenoxyd und Wasserstoff	± 10%	Gilt von der jeweiligen Anzeige. — Empfindlichkeit: Das Meßgerät zeigt bereits bei etwa 0,1% $CO + H_2$ einen merkbaren Ausschlag
Physikalische Rauchgasprüfer zur Bestimmung von Kohlensäure auf Grund ihres spezifischen Gewichtes und ihrer Zähigkeit	± 0,5%	Gilt von 100% Gasprobe
Physikalische Rauchgasprüfer zur Bestimmung von Kohlensäure auf Grund ihres spezifischen Gewichtes	± 0,3 bis 0,4%	Gilt von 100% Gasprobe

Bei Schreibgeräten, deren Schaulinien zur Mittelwertsbestimmung dienen, sind den angegebenen Werten die Fehler des Uhrwerkes, die Fehler durch Feuchtigkeitsdehnung des Papiers, sowie die Arbeitsfehler beim Planimetrieren, die zusammen mit etwa ± 1 bis 2% der vollen Schreibhöhe einzuschätzen sind, zuzuzählen.

VII. Temperaturmessung

Zur Messung von Temperaturen in Feuerungs- und Dampfbetrieben stehen zahlreiche Arten von Meßgeräten in Verwendung. Vorwiegend werden benutzt: Glasthermometer, Druckthermometer, Elektrische Widerstandsthermometer, Thermoelemente und optische Pyrometer.

Die Auswahl des Meßgerätes hängt von der Temperaturhöhe, von den örtlichen Verhältnissen und der notwendigen Genauigkeit ab. Die Richtigkeit der Messung ist von richtiger Wahl, zweckmäßigem Einbau, richtiger Behandlung und dazugehöriger Überprüfung des Meßgerätes abhängig.

A. Allgemeines über den Einbau von Temperaturmeßgeräten

Beim Einbau der Temperaturmeßgeräte (mit Ausnahme der optischen), wird ihr temperaturempfindlicher Teil (Wärmefühler, Tauchrohr, Widerstandsspirale, Elementlötstelle) mit dem Wärmeträger in möglichst unmittelbare Berührung gebracht.

Bei den optischen Thermometern wird die Temperatur des Wärmeträgers nach verschiedenen, nicht einheitlichen, optischen Gesichtspunkten beurteilt. Sondervorschriften über Einbau oder Aufstellung sind genau zu beachten.

Der Einbau muß womöglich so erfolgen, daß die Temperatur des Wärmefühlers mit der jeweiligen Temperatur des Wärmeträgers übereinstimmt. Diese Bedingung ist praktisch oft nicht zu erfüllen. Man begnügt sich dann mit der Feststellung von Temperaturänderungen und spricht in der Praxis oft von „relativer Messung".

1. **Ort des Einbaues.** Er ist so zu wählen, daß der Wärmeträger dauernd den Wärmefühler umspült. In Räumen, in denen keine Strömung vorhanden ist, ist gegebenfalls ein Rührwerk einzubauen. In Leitungen, in welchen der Wärmeträger strömt, ist der Wärmefühler möglichst in der Mitte des Stromquerschnittes anzubringen. Anordnung in toten Ecken, unmittelbar vor und nach plötzlichen Änderungen des sonst gleichförmigen Querschnittes, ist zu vermeiden. Wenn dennoch ungleichmäßige Temperaturverteilung herrscht, so ist für eine Verschiebungsmöglichkeit des Wärmefühlers im Querschnitt zu sorgen oder es sind mehrere, entsprechend verteilte Meßstellen vorzusehen.

In Leitungen mit Drosselorganen soll die Meßstelle so weit vor der Drossel liegen, daß bei allen Stellungen der letzteren der Wärmefühler sich inmitten der Strömung des Wärmeträgers befindet. Nötigenfalls muß der Wärmefühler verschiebbar angebracht sein.

2. **Art des Einbaues.** Die Art des Einbaues richtet sich nach den örtlichen Verhältnissen der Meßstelle und nach der Form des Meßgerätes.

Um richtige Anzeigen zu erhalten, vermeide man fälschenden Wärmezustrom zum bzw. Wärmeabstrom vom Meßgerät, und zwar bei allen Teilen desselben.

a) **Wärmeab- und -zustrom durch Leitung.** Die Temperatur des Wärmefühlers bleibt um so mehr hinter der des Wärmeträgers zurück, je mehr Wärme er an seine Umgebung, vor allem durch die Einbauarmatur ableitet. Diese soll deshalb eine möglichst kleine ableitende Oberfläche haben, schlecht wärmeleitend oder doch wärmeisoliert sein. Bei Messung von tieferen Temperaturen als die der Umgebung ist sinngemäß auf Wärmezuleitung zu achten. Um den Wärmeaustausch des Meßgerätes mit der Umgebung möglichst gering zu halten, soll die Hauptmasse des Gerätes unmittelbar mit dem Wärmeträger in Berührung sein. (Siehe Abb. 2)

   a. Schlechter, jedoch üblich.
   b. Besser. Einbau von Thermometern in Rohrleitungen.

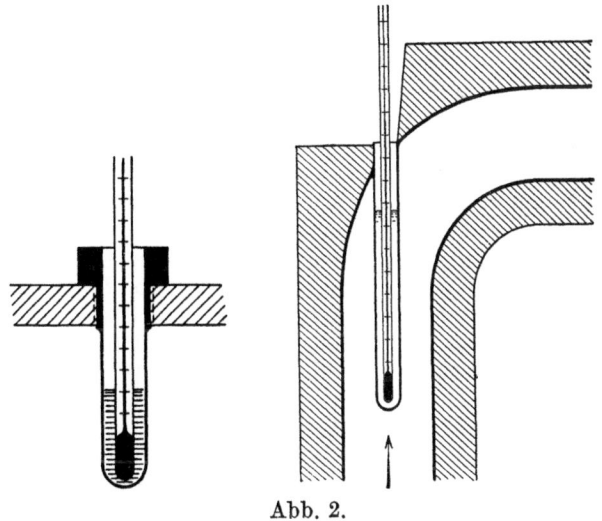

Abb. 2.

Die Zu- oder Ableitung kann besonders dann stark auftreten, wenn die Einführungsstelle des Meßgerätes bei einem unter Vakuum stehenden Wärmeträger undicht ist, sodaß die Einbauarmatur oder das ganze Gerät durch einströmende Außenluft unzulässig abgekühlt oder erwärmt wird. Für gute Abdichtung ist daher zu sorgen.

b) **Wärmeab- und -zustrom durch Strahlung.** Die Richtigkeit der Messung kann auch dadurch beeinträchtigt werden, daß durch Strahlung dem Meßgerät Wärme zugeführt oder entzogen wird. Sind in der Nähe des Wärmefühlers Gegenstände vorhanden, deren Temperatur von der des Wärmeträgers stark abweicht, so findet ein Zu- oder Abstrahlen statt. Man vermindert diese Wirkung, indem man zwischen Wärmefühler und den den Temperaturunterschied verursachenden Gegenstand (Rohrleitungswand, Behälterwand, in der Nähe verlaufende Heiz- oder Kühlrohre usw.) einen Strahlungsschutz, d. h. eine aus einem schlechten Wärmeleiter bestehende Schutzwand (Schutzrohr) anbringt. Wo dies nicht möglich ist, ist der strahlende Gegenstand möglichst auf die Temperatur des Wärmeträgers zu bringen. Man versieht z. B. eine Rohrleitung in der Nähe der Meßstelle besonders sorgfältig mit Wärmeschutz, um die Temperatur der Wandung möglichst der des Wärmeträgers anzugleichen.

Nicht nur der Wärmefühler, sondern auch die sonstigen Teile des Meßgerätes, wie Verbindungsleitungen, Anzeigegeräte bzw. Skalen, sind vor Wärmestrahlung zu schützen. Da die Eichung der Wärmemeßgeräte üblicherweise bei einer Raumtemperatur von 20^0 C (Normaltemperatur) erfolgt, ergeben sich durch starke Abweichungen hievon im Betrieb Meßfehler. Das Anzeigegerät ist also nicht an heißen Stellen, z. B. von Kessel- oder Behälterwänden oder in der Nähe von wärmeausstrahlenden Rohrleitungen oder Armaturen anzubringen, ebensowenig aber auch in der Nähe von Türen, Fenstern oder kalten Außenwänden, gegen die das Gerät Wärme abstrahlen kann.

c) **Oberflächentemperaturmessung.** Sie erfolgt am verläßlichsten durch Thermoelemente. Es ist darauf zu achten, daß durch die Anbringung des Meßgerätes keine wesentlichen Störungen des Temperaturverlaufes in der Oberfläche verursacht werden. Die Elementdrähte sollen deshalb eine genügende Strecke längs der Oberfläche verlaufen.

Ein Rückschluß von der Temperatur der Oberfläche eines Behälters auf die Innentemperatur ist im allgemeinen unverläßlich. Er kann aber immerhin brauchbare Werte ergeben, wenn die Wandung verhältnismäßig dünn ist und aus einem gut wärmeleitenden Stoff besteht, wenn sie ferner samt dem Thermoelement durch gute Isolierung vor Wärmeverlusten nach außen geschützt ist und ein möglichst weitgehender Wärmeausgleich zwischen Wärmeträger und Wandung gewährleistet ist.

B. Besonderheiten der wichtigsten Gruppen von Temperaturmeßgeräten

1. **Flüssigkeits-Fadenthermometer (Glasthermometer).** Glasthermometer haben einen kugeligen oder zylindrischen Wärmefühler mit Flüssigkeitsfüllung (Quecksilber, Toluol o. dgl.), sowie eine mit einer

Skala versehene Kapillare und sind mit den verschiedensten Fassungen versehen, die sowohl dem Einbau als dem Schutz vor mechanischen Beschädigungen dienen.

a) **Einbau.** Beim Einbau von Glasthermometern in Rohrleitungen oder Behälter, welche unter Druck oder Vakuum stehen, sind **Schutzhülsen** oder **Meßstutzen** vorzusehen, die fest und dicht mit der Rohrwandung verbunden sind und in welche der Wärmefühler eingeführt wird. Hiedurch wird wohl die **Anzeige** des Gerätes **verzögert**, aber man vermeidet **Störungen** des Betriebes bei **Ein- und Ausbau** der Meßgeräte.

b) **Anzeigeverzögerung.** Je weniger träge das Meßgerät sein soll, desto weniger Umhüllungsteile soll es haben. Bei stärker armierten Thermometern ist die Anzeigeverzögerung wohl zu beachten. Sie ist bei steigender und fallender Temperatur verschieden. Prüf-Glasthermometer verwende man ohne jede Hülle oder höchstens mit einem leichten Schutz.

c) **Fadenkorrektur.** Sind Glasthermometer mit eingetauchtem Faden geeicht (und dies ist stets der Fall, wenn am Thermometer nichts anderes vermerkt ist), so sollen sie auch bei der Messung nach Möglichkeit so verwendet werden, d. h. bei der Ablesung der Temperatur soll nicht nur der Wärmefühler, sondern auch die Kapillare so weit in den Wärmeträger eintauchen, daß nur das Ende des Flüssigkeitsfadens eben aus ihm herausragt. Ist dies nicht möglich, so muß bei genauen Messungen eine Berichtigung („Fadenkorrektur") nach folgender Formel vorgenommen werden:

$$t = t_o + \frac{n \cdot (t_o - t_f)}{6300}$$

t_o... Ablesung am Thermometer, wenn der Faden die Temperatur ...t_f hat und um n... Grade herausragt; t... richtige Temperatur. Die Fadentemperatur t_f ist praktisch gleich der Temperatur der umgebenden Luft.

2. Druckthermometer. Druckthermometer messen den Druck einer Flüssigkeit, welche in einem Wärmefühler der zu messenden Temperatur ausgesetzt ist. Der Fühler ist durch ein Rohr (Kapillare) in ununterbrochener, dichter Verbindung mit einem Manometer als Anzeigegerät, dessen Skala empirisch in Temperaturgrade geteilt ist. Zumeist wird Quecksilberfüllung verwendet. Sie läßt Temperaturmessungen von -30^0 bis $+600^0$ C zu.

a) **Einbau.** Beim Einbau von Druckthermometern ist auf gute Übertragung der Wärme vom Wärmeträger auf den Wärmefühler, auf genügende Größe desselben, auf Vermeidung störender Wärmeab- oder -zuleitung, sowie von Strahlungseinflüssen besonders zu achten. Wenn die Verbindung zwischen Wärmefühler und Anzeigegerät durch Räume höherer, tieferer oder schwankender Temperaturen geführt wird, oder wenn das Anzeigegerät solchen Temperaturen ausgesetzt ist, sind Druckthermometer mit einer Ausgleichsvorrichtung zu verwenden, welche mittels eines Differentialmanometers die störenden Einflüsse aufhebt. Bei der Verlegung der Verbindungsrohre zwischen Wärmefühler und Anzeigegerät vermeide man scharfe Biegungen und Knicke. Über Einbau siehe ferner VII, B, 1, a.

b) Betrieb. Nach dem Einbau der Druckthermometer ist die Anzeige mit Hilfe der vorgesehenen Einstellvorrichtungen der Anzeige eines geeichten Quecksilber-Glasthermometers anzugleichen, weil die Einbauverhältnisse bei der Eichung des Instrumentes durch den Hersteller nicht immer vollständig berücksichtigt werden können. Es empfiehlt sich auch, nach längerer Betriebsdauer in gleicher Weise eine Überprüfung des Meßgerätes durchzuführen. Wenn ein Druckthermometer, dessen Wärmefühler der Wärmequelle ausgesetzt ist, gar keine Anzeige erkennen läßt und wenn auch durch leichtes Klopfen am Anzeigegerät eine Bewegung des Zeigers nicht herbeigeführt werden kann, so ist dies meist ein Zeichen dafür, daß die Flüssigkeit nicht mehr unter Spannung steht, bzw. Wärmefühler und Manometerfeder nicht mehr dicht miteinander verbunden sind. In einem solchen Fall ist das Meßgerät zur Ausbesserung an den Hersteller einzusenden.

3. **Thermoelemente.** Ihre Wirkung beruht auf der bekannten Erscheinung, daß bei Erhitzung der Lötstelle zweier Drähte aus verschiedenem Material an deren „kalten Enden" (bisweilen auch „kalte Lötstellen" genannt) eine elektromotorische Kraft gemessen werden kann, deren Größe gesetzmäßig mit dem Temperaturunterschied zwischen diesen und der Lötstelle steigt und somit bei bekannter Temperatur der „kalten" Enden ein Maß für die zu messende Temperatur der Lötstelle ist. Da die elektromotorischen Kräfte sehr klein und erst bei entsprechend großem Temperaturunterschied mit einfachen Meßgeräten meßbar sind, ist das Anwendungsgebiet der thermoelektrischen Pyrometer handelsüblicher Ausführung praktisch auf die Messung von Temperaturen über etwa 250^0 C beschränkt.

Die geringste Anzeigeverzögerung ergeben unbewehrte Thermoelemente; doch ist man fast immer gezwungen, Elemente durch entsprechende Schutzrohre gegen mechanische Beschädigungen oder chemische Angriffe (Verzundern usw.) zu schützen. Schon bei Messungen von etwa 500^0 C aufwärts sollten die Elementdrähte stets durch geeignete Schutzrohre gegen die Wirkungen der heißen Gase, Schmelzen usw. geschützt werden. Das Schutzrohrmaterial richtet sich daher nach Temperatur und chemischer Zusammensetzung des Wärmeträgers sowie etwaigen Betriebsbesonderheiten und ist bei dem raschen Fortschreiten der technischen Entwicklung häufig Änderungen unterworfen; man überläßt seine Auswahl am besten den führenden Lieferfirmen, da diesbezügliche

Angaben in der Literatur häufig schon bei ihrem Erscheinen überholt sind.

Bei Herausgabe der vorliegenden Richtlinien (1931) kann hierüber gelten:

Bis etwa 600⁰ sind in Gasen emaillierte Eisenrohre zu empfehlen, die auch gegen SO_2-hältige Rauchgase standhalten; bis etwa 1500⁰ eignen sich Rohre aus gasdichtem Hartporzellan und ähnlichen Stoffen; bei höheren Temperaturen werden aber auch diese von Eisenoxyd und Alkalien zerstört. Wenn auch mechanische Festigkeit gefordert wird, sind Rohre aus verschiedenen Spezialstählen zu verwenden; sie vertragen etwa 100⁰ bis 1100⁰, werden aber von SO_2 angegriffen.

In Zinkbädern leisten gebohrte Gußknüppel oft gute Dienste.

Die in der Literatur noch vielfach erwähnten Rohre aus alitiertem Flußeisen, Quarz oder Manquardscher Masse, sind überholt; alitiertes Flußeisen verträgt auch niedere Temperaturen nicht dauernd; die chemisch und thermisch vorzüglichen Quarzrohre haben den — allerdings einzigen — Nachteil der leichten Zerbrechlichkeit, und Marquardtrohre vertragen keine schroffen Temperaturschwankungen. Ebenso sind die sogenannten Überwurfrohre meist unnötig und tragen nur zur Erhöhung der Anzeigeträgheit bei; nur in seltenen Fällen verwendet man Schamotterohre als Schutz gegen chemische Einflüsse.

Gebräuchliche Thermoelemente

	Obere Temperaturmeßgrenze	EMK bei vollem Meßbereich
Kupfer-Konstantan	500⁰ C	etwa 25 mV
Eisen-Konstantan	800⁰ C	,, 45 mV
Nickel-Nickelchrom	1100⁰ C	,, 40 mV
Platin-Platinrhodium	1600⁰ C	16,67 mV

a) Einbau. Vergleiche hierüber VII, A, Seite 30 ff. Man trachtet im allgemeinen, die Lötstelle des Thermoelementes mindestens 15 bis 20 cm, womöglich aber tiefer, in den Wärmeträger eintauchen zu lassen.

b) Erwärmung der „kalten Enden". Besitzen die „kalten Enden" dauernd ungefähr die gleiche Temperatur, so wird diese mittels eines Quecksilber-Thermometers einmalig festgestellt. Sind die „kalten Enden" jedoch größeren Temperaturschwankungen ausgesetzt, so verlängert man das Thermoelement mit Hilfe einer sogenannten Kompensationsleitung, deren Enden man an einem Orte annähernd gleicher Temperatur unterbringt. (Eingraben in den Erdboden, Einmauern in starke Mauern, Einschließen in ein doppelwandiges Holzkästchen oder eine Thermosflasche usw.) In beiden Fällen wird der Zeiger des Anzeigegerätes bei abgeklemmter Zuleitung mittels der Nullpunkteinstellschraube auf die Temperatur der „kalten

Enden" des Thermoelementes bzw. der „kalten Enden" der Kompensationsleitung eingestellt.

Es ist auch möglich, den Einfluß der Temperatur der „kalten Enden" mittels geeigneter Schaltungen unter Verwendung einer fremden Stromquelle auszuschalten.

c) Unrichtige Polung der Kompensationsleitung. Bei unrichtigem Anschluß der Kompensationsleitung ergibt sich eine geringere Anzeige als bei richtiger Polung. Man kann sich daher vom richtigen Anschluß durch versuchsweises Vertauschen der Leitungen leicht überzeugen.

d) Zu großer Widerstand in der Zuleitung oder im Element. Bei billigen, niederohmigen Anzeigegeräten ist der Leitungswiderstand (besonders bei schwachen Leitungen) nicht zu vernachlässigen, da sich bei Nichtberücksichtigung Minderanzeigen ergeben. Verwendet man in Verbindung mit einem Anzeigegerät dünnere Elementdrähte als bei dessen Eichung, so ruft der größere innere Widerstand Minderanzeige hervor. Dasselbe ergibt sich bei Abbrand von Elementdrähten.

Präzisions- und Registriergeräte haben in der Regel Widerstände von vielen hundert Ohm, welche meist den Einfluß des Widerstandes der Leitungen bzw. des Eigenwiderstandes des Thermoelementes zu vernachlässigen gestatten.

e) Anzeigegeräte. Man überzeuge sich, ob der Zeiger bei abgeschalteter Zuleitung auf die Temperatur der „kalten Enden" einspielt. Zu Fehlmessungen gelangt man, wenn das Anzeigegerät nicht für die Eichreihe des tatsächlich verwendeten Thermoelementes geeicht ist (kommt insbesondere bei Verwendung alter Bestände vor). Bei der Eichung von Anzeigegeräten muß aber stets berücksichtigt werden, ob und in welchem Maße Kompensationsleitungen vorgesehen sind, sowie ob andere Meßgeräte in Parallelschaltung liegen. Entsprechende Angaben sind auch bei Einsendung eines Meßgerätes zur Instandsetzung der Lieferfirma stets zu machen.

4. Widerstandsthermometer. Da der elektrische Widerstand metallischer Leiter gesetzmäßig mit der Temperatur steigt, kann man aus seiner Größe unmittelbar die Temperatur, die er angenommen hat, ermitteln. Man pflegt meist Nickel- oder Platinspiralen als Wärmefühler zu verwenden, deren Widerstand entweder in einer Brückenschaltung oder mittels sogenannter Kreuzspul-Meßgeräte gemessen wird. Hiezu ist stets eine eigene Stromquelle erforderlich (galvanisches Element, Akkumulator, Netzanschluß mit Niedervolt-Gleichrichter). Im Gegensatz zu üblichen Thermoelementen können mit Widerstandsthermometern auch beliebig niedrige Temperaturen ohne weiteres gemessen werden; die obere Verwendungsgrenze liegt bei etwa 500^0 C.

a) Einbau. Vergleiche hierüber VII, A, Seite 30 ff.

b) Wärmeab- und -zuleitung. Mit Rücksicht auf die übliche, starke metallische Einbauarmatur der Widerstandsthermometer ist besonders darauf zu achten, daß nicht durch unerwünschte Wärmeab- oder -zuleitung das Meßergebnis gefälscht wird. Es ist hiezu namentlich auf ausreichende Isolierung der Einbaustelle Wert zu legen.

c) Widerstand der Zuleitungen. Er kann bei den gebräuchlichen Anordnungen durch sogenannte Abgleichspulen unschädlich gemacht werden. Da jedoch die Messung nur auf Widerstandsschwankungen beruht, ist auf den tadellosen Zustand der Leitungsverbindungen besonderes Augenmerk zu richten; diese sind, wenn irgend möglich, gewissenhaft zu löten. Unterbrechung in der Meßleitung äußert sich durch Prellschlag des Anzeigegerätes über das Teilungsende hinaus, Kurzschluß durch Prellschlag unter den Teilungsanfang.

d) Anzeigegeräte und Stromquelle. Anzeigegeräte in Brückenschaltung erfordern vor jeder Messung genaue Einstellung der Meßspannung. Kreuzspulgeräte sind innerhalb ziemlich weiter Grenzen von der Meßspannung unabhängig. Trotzdem ist bei Verwendung dieser Geräte in Verbindung mit Batterien deren Wartung keinesfalls zu vernachlässigen. Kreuzspulgeräte ohne selbsttätige Zeigerrückführung können im Gegensatz zu Geräten in Brückenschaltung auch bei Stromlosigkeit eine Anzeige vortäuschen.

5. Optische Pyrometer. a) Teilstrahlungspyrometer. Sie vergleichen die Helligkeit des zu untersuchenden glühenden Körpers mit derjenigen einer Lichtquelle bekannter Stärke. Die hauptsächlichsten Vertreter dieser Gruppe sind: Glühfadenpyrometer und Wannerpyrometer. Sie benötigen zum Betrieb eine fremde Stromquelle (Akkumulator oder Trockenbatterie).

a) Einstellung. Praktisch sind richtige Messungen meist dann einfach durchführbar, wenn sich der Körper im Ofen (Feuerraum) befindet und z. B. durch eine verhältnismäßig kleine Öffnung anvisiert wird, doch dürfen nicht Flammen die Zielrichtung kreuzen. Die Beobachtung durch Glasfenster beeinträchtigt die Messung, wenn das Fenster schlecht durchsichtig oder berußt ist. Im allgemeinen liefert die Messung mit dem Glühfadenpyrometer annähernd richtige Meßergebnisse.

Bei Wannerpyrometern darf die Objektgröße ein gewisses Mindestmaß nicht unterschreiten, z. B. bei 1 m Entfernung etwa 80 mm. Je größer der Abstand des Gerätes von dem anvisierten Körper ist, um so größer muß die anvisierte Fläche sein. Bei guten Glühfadenpyrometern ist dagegen die Objektgröße .nicht von Bedeutung.

Bei Temperaturen über 800^0 ist es ratsam, das zugehörige Rotfilter zu verwenden, da sonst leicht Einstellfehler entstehen.

Einstellung und Ablesung sollen rasch aufeinanderfolgen.

b) Strahlungsvermögen des Wärmeträgers. Der Eichung aller

optischen Pyrometer ist die Strahlung des absolut schwarzen Körpers zugrunde gelegt, d. h. die Ablesung bildet nur dann ein richtiges Meßergebnis, wenn der anvisierte Körper die Strahlungsverhältnisse eines absolut schwarzen Körpers aufweist. Bei vielen Messungen in der Praxis, bei welchen diese Voraussetzung nicht zutrifft, ergibt sich daraus die Notwendigkeit, Berichtigungen der abgelesenen Werte vorzunehmen. Im allgemeinen gilt dies für Messungen außerhalb eines Feuerraumes (Ofens). Die angezeigte Temperatur (t_2) ist in solchen Fällen niedriger als die wahre Temperatur (t_1), weil das Strahlungsvermögen der verschiedenen Stoffe kleiner ist als das des absolut schwarzen Körpers. Kennt man das Strahlungsvermögen (E) des Körpers in Prozenten desjenigen des absolut schwarzen Körpers, so kann man aus seiner optisch gemessenen[1] Temperatur (t_2) seine wahre Temperatur (t_1) nach der Gleichung

$$\log E = 9420 \left(\frac{1}{t_1 + 273} - \frac{1}{t_2 + 273} \right)$$

berechnen.

Beispiel. Das Strahlungsvermögen von Gußeisen (rauhe Gußhaut) sei $0{,}82 = 82\%$ desjenigen des schwarzen Körpers; die Temperatur eines Gußeisenblockes werde außerhalb des Feuerraumes optisch bestimmt: $t_2 = 1000^\circ$ C. Seine wahre Temperatur (t_1) wird aus der Gleichung

$$\log 0{,}82 = 9420 \left(\frac{1}{t_1 + 273} - \frac{1}{1273} \right)$$

ermittelt: $t_1 = 1018^\circ$ C.

Über die absoluten Strahlungsvermögen der in der Feuerungstechnik verwendeten Baustoffe liegen verschiedene Untersuchungen vor, deren Ergebnisse im Bereich hoher Temperaturen zum Teil von einander stark abweichen.

Für Betriebsmessungen mit geringer Genauigkeit kann unter Zugrundelegung eines Strahlungsvermögens des absolut schwarzen Körpers von 4,96 das absolute Strahlungsvermögen der bei Feuerungen in Betracht kommenden Baustoffe durchschnittlich in roher Annäherung mit 4 angenommen werden, entsprechend einem relativen Strahlungsvermögen (E) von etwa 0,8.

c) *Fehler im Gerät.* Fehler entstehen durch Änderungen im Zustand des Ampèremeters, welches zeitweise zu überprüfen ist. Durch Überlastung oder Abnützung kann sich die Helligkeitscharakteristik der Vergleichslampe ändern und Fehler verursachen.

b) Gesamtstrahlungspyrometer. Bei diesen wird ein Thermoelement, welches in einer Glasbirne eingeschlossen ist, durch die gesamte Licht- und Wärmestrahlung des zu messenden Körpers erhitzt; der entstehende Thermostrom bildet ein Maß für die Temperatur des Körpers.

---

[1] Beobachtet bei einer Wellenlänge $0{,}66\ \mu$ (Rotfilter).

a) **Einstellung (Einbau).** Bei Gesamtstrahlungspyrometern ist eine **Mindestgröße** des zu messenden **Gegenstandes** notwendig, meist 40 bis 50 mm Durchmesser bei 1 m Entfernung. Andernfalls kann sich ein bedeutender Fehler ergeben, da nur ein Teil des Wärmefühlers (Thermoelementes) von dem Bilde des anvisierten Körpers überdeckt wird. **Erwärmung** der Gesamtstrahlungspyrometer ist weitestgehend zu **vermeiden**, da sie oft wesentliche Minderanzeigen bewirkt. Es empfiehlt sich in solchen Fällen, Wasser- oder **Luftkühlung** anzuwenden, um eine richtige Messung zu ermöglichen. Da Gesamtstrahlungspyrometer in der Mehrzahl für Dauermessungen verwendet werden, ist äußerst **standfester Einbau** unerläßlich. Kleine Veränderungen der Zielrichtung können unter Umständen zu gänzlich unbrauchbaren Meßergebnissen führen; eine einfache **Verstellungsmöglichkeit** der Zielrichtung soll jedoch stets vorhanden sein. **Verschmutzungen der Linsen** sollen vorsichtig beseitigt werden. Glasfehler in den Linsen, welche „eingeeicht" sind, stören nicht.

Um das Eintreten falscher Luft in den Feuerraum oder das Herausschlagen von Stichflammen zu vermeiden, ferner, da bei Flammenbildung unruhige Anzeige auftreten würde, wird das **unmittelbare Anvisieren des strahlenden Wärmeträgers** gerne **vermieden** und ein einseitig abgeschlossenes Rohr („Glührohr") mit dem Rohrende in den Ofen (Feuerraum) eingeführt, wobei der Boden vom Strahlungspyrometer anvisiert wird. Dabei entsteht ein Meßfehler dadurch, daß das Glührohr, um zu raschen Verschleiß zu vermeiden, in den meisten Fällen nur wenig nach innen vorstehen darf. Verursacht wird dieser Meßfehler durch **Wärmeableitung** zu den kälteren Teilen des Glührohres, ferner, bei **Durchlässigkeit des Glührohres**, durch die damit verbundene Kühlwirkung. Dieser Fehler ist fast unvermeidlich und muß gegebenenfalls mit Teilstrahlungspyrometern oder sonstigen geeigneten Hilfsmitteln bestimmt werden. Meist begnügt man sich aber mit „relativen" Messungen (vgl. VII, A).

b) **Strahlungsvermögen.** Es ist ein Vorteil des Glührohres, daß es annähernd wie ein **schwarzer Körper** strahlt. Voraussetzung hiezu ist, daß das Verhältnis seiner Länge zum Durchmesser groß ist.

Der Meßfehler infolge „nichtschwarzer Strahlung" ist größer als beim Teilstrahlungs- (Glühfaden-) Pyrometer; die bezüglichen **Berichtigungszahlen sind bis jetzt noch nicht genau bekannt**, doch steht fest, daß, besonders bei Messung der Temperaturen von glühenden flüssigen Metallmassen, (z. B. blanken Flüssigkeitsspiegeln von Metallbädern) ganz erhebliche Meßfehler auftreten können. Messungen außerhalb eines Ofens (Feuerraumes) können demnach, und zwar unter Voraussetzung gleichbleibender Verhältnisse, nur als „relative Messungen" bewertet werden. Auch mit Gesamtstrahlungspyrometern kann eine brauchbare **Temperaturmessung nur dann vorgenommen werden, wenn sich der zu messende Körper in einem allseits geschlossenen Raum befindet** und durch ein verhältnismäßig kleines Schauloch betrachtet wird. Zu beachten ist jedoch, daß die Zusammensetzung der Feuerraumatmosphäre auf die Messung Einfluß haben kann, und zwar können z. B. stark **kohlensäure- und wasserdampfhältige Heizgase einen Fehler verursachen.**

c) **Anzeigegeräte.** Der hohe Eigenwiderstand der Gesamtstrahlungspyrometer verlangt die Verwendung hochohmiger Anzeigegeräte. Wo Anzeige- und Schreibgeräte nebeneinandergeschaltet sind, ist dies zur Vermeidung von Fehlergebnissen besonders wichtig. Bei **Erneuerung der Thermoelemente** von Gesamtstrahlungspyrometern sind Elemente von **gleicher Konstante** zu verwenden, widrigenfalls Neueichungen der Meßgeräte notwendig sind.

Strahlungspyrometer haben im unteren Bereich der Skala eine stark zusammengedrängte Teilung, so daß die Ablesemöglichkeit tatsächlich erst etwa in der Hälfte des Meßbereiches beginnt. Dies ist bei Anschaffung von Gesamtstrahlungspyrometern besonders zu berücksichtigen.

Nachprüfung von Temperaturmeßgeräten

Für alle Temperaturmeßgeräte kann als einfachstes Kontrollmittel der **Vergleich mit einem bekannt richtigen Thermometer** (etwa Normalthermometer) gelten.

Zur Nachprüfung kommt ferner die Herstellung von Temperatur-Fundamentalpunkten (Fixpunkten) in Betracht.

Fixpunkte zur Eichung von Temperaturmeßgeräten

$0,0^0$	Schmelzpunkt des Eises.
$32,4^0$	Umwandlungspunkt des Glaubersalzes.[1]
$48,1^0$	Schmelzpunkt des Fixiernatrons.[2]
$100,0^0$	Siedepunkt des Wassers.[3]
$218,0^0$	Siedepunkt des Naphthalins.[3]
$231,9^0$	Erstarrungspunkt von Zinn ⎫
$419,5^0$	Erstarrungspunkt von Zink ⎬ Metalle chemisch rein.
$444,6^0$	Siedepunkt von Schwefel[3] (gegen Luft gut zu schützen).
$630,5^0$	Erstarrungspunkt des Antimons ⎫
$960,5^0$	Erstarrungspunkt des Silbers ⎬ Metalle chemisch rein.
$1083,6^0$	Erstarrungspunkt des Kupfers ⎭

Die Herstellung der Fixpunkte erfordert Übung und Vorsicht und setzt die Verwendung der angeführten Stoffe in chemischreinem Zustand voraus. Bei Herstellung von Schmelzpunkten ist es

---

[1] Die Temperatur, bei welcher in seinem Kristallwasser geschmolzenes Na_2SO_4 auskristallisiert.

[2] Die bei geschmolzenem Fixiernatron häufig auftretende Unterkühlung läßt sich vermeiden, wenn man in die Schmelze Fixiernatronkristalle einbringt.

[3] Die Siedepunkte von Flüssigkeiten ändern sich mit dem äußeren Luftdruck. Bei einer Druckdifferenz von (b) mm Quecksilbersäule gegenüber normalem Luftdruck (760 mm) ist der Siedepunkt von

Wasser .... $t = 100,20 + 0,0367 \cdot b - 0,000023 \cdot b^2$
Naphthalin .... $t = 217,96 + 0,058 \cdot b$
Schwefel ...... $t = 444,60 + 0,0909 \cdot b - 0,000048 \cdot b^2$

im allgemeinen wichtig, die Oxydation des Schmelzgutes durch Luftabschluß zu verhindern.

Bei elektrischen Temperaturmeßgeräten ist eine Überprüfung der Richtigkeit des Anzeigegerätes im Betrieb nur dann möglich, wenn hiezu ein richtiges Vergleichsgerät zur Verfügung steht. Bei Widerstandsthermometern können zur Überprüfung der Anzeigegeräte Vergleichswiderstände Verwendung finden, welche diesen Meßgeräten über Verlangen vom Hersteller beigegeben werden können.

Eine genaue Überprüfung der Anzeigegeräte bleibt zweckmäßig dem Hersteller vorbehalten.

Bei optischen Pyrometern dient als Vergleichsgrundlage der Nachprüfung die Strahlung eines vollkommen schwarzen Hohlkörpers (Glührohres), dessen Temperatur (bis etwa 1500°) gleichzeitig durch das optische Pyrometer und durch ein eingebrachtes anderweitig geeichtes Thermoelement gemessen werden kann. An Stelle des Letztgenannten kann auch ein richtiges optisches Pyrometer Verwendung finden. Bei höheren Temperaturen kann nur ein Vergleich zwischen mehreren optischen Pyrometern (und zwar Glühfadenpyrometern) zur Überprüfung benützt werden.

Glühfadenpyrometer können auch einfach dadurch überprüft werden, daß die in Gebrauch stehende Metallfadenlampe durch eine geeichte, nur zu Prüfungszwecken verwendete Reservelampe vergleichsweise ersetzt wird.

Genauigkeit

Gerät	Genauigkeit	Bemerkung
Glasthermometer	± 1%	Gilt vom Skalenendwert. Der durch die Beschaffenheit des Gerätes bedingte unvermeidliche Fehler tritt gegenüber den Fehlern durch mangelhaften Einbau und durch Unterlassung der Fadenkorrektur meist zurück. Unterlassung der Fadenkorrektur ergibt Fehler bis —2,5% vom Skalenendwert
Druckthermometer	± 3%	Gilt vom Skalenendwert, und zwar bei Geräten ohne Kompensationsleitung
	± 2%	Bei Geräten mit Kompensationsleitung

Gerät	Genauigkeit	Bemerkung
Elektrische Widerstandsthermometer (in Brückenschaltung mit direkter Ablesung) Präzisionsgeräte	bis $\pm 1\%$	Gilt vom Skalenumfang. Dieser gilt bei sogenannten gekürzten Skalen (z. B. 300 bis 400°) nur im gekürzten Ausmaß. (Von 100°)
Betriebsgeräte (oder bei Verwendung von Kreuzspulinstrumenten)	± 2 bis $\pm 2,5\%$	,,
Thermoelemente in Verbindung mit Präzisionsgalvanometern	± 1 bis $\pm 1,5\%$	,,
In Verbindung mit Betriebsgalvanometern	± 2 bis $\pm 3\%$	,,
Optische Pyrometer. Teilstrahlungspyrometer bei Temperaturen über 1000° (mit Berücksichtigung des Strahlungsvermögens)	$\pm 1\%$	Gilt von der Ablesung
Gesamtstrahlungspyrometer	?	Meßergebnis wesentlich abhängig von der Beschaffenheit des strahlenden Körpers. Für „relative Messungen" sind diese Geräte jedoch gut geeignet

Bei Schreibgeräten, deren Schaulinien zur Mittelwertsbestimmung dienen, sind den angegebenen Werten die Fehler des Uhrwerkes, die Fehler durch Feuchtigkeitsdehnung des Papiers, sowie die Arbeitsfehler beim Planimetrieren, die zusammen mit etwa $+ 1$ bis 2% der vollen Schreibhöhe einzuschätzen sind, zuzuzählen.

Die Gesellschaft für Wärmewirtschaft hat bisher folgende Merkblätter herausgegeben:

Nr. 1. Sparsames Heizen im Haushalt.
Nr. 2. Sparsame Gasverwendung im Haushalt.
Nr. 3. Verwendung des Steinkohlengases für technische Zwecke.
Nr. 4. Wärmeschutz.
Nr. 5. Verfeuerung geringwertiger Brennstoffe.
Nr. 6. Zweckmäßige Lagerung von Kohlen und Verhütung ihrer Selbstentzündung.
Nr. 7. Sparsame Brennstoffwirtschaft in Dampfkesselbetrieben (Maueranschlag).
Nr. 8. Verminderung der Wärmeverluste in Dampfkesselbetrieben (für Betriebsbeamte).
Nr. 9. Überwachung von Dampfkesselbetrieben; wärmetechnische Meßgeräte.
Nr. 10. Koks als Brennstoff im Haushalt.
Nr. 11. Vergasung und Gasfeuerung für industrielle Zwecke.
Nr. 12. Wirtschaftlicher Betrieb von Gasgeneratoren.
Nr. 13. Anlage von Rohrleitungen (allgemein gebräuchliche Rohrleitungen für Dampf und Wasser).
Nr. 14. Betrieb von Rohrleitungen (allgemein gebräuchliche Rohrleitungen für Dampf und Wasser).
Nr. 15. Entnahme, Behandlung und Verpackung von Kohlenproben für chemisch-technische Untersuchungen.
Nr. 16. Wärmeschutz im Bauwesen.
Nr. 17. Bauliche Vorsorgen für Zentralheizungs- und Warmwasserbereitungsanlagen.
Nr. 18. Wirtschaftlicher Betrieb von Zentralheizungen (Maueranschlag).
Nr. 19. Wärmewirtschaftliche Betriebsüberwachung von Kolbendampfmaschinen und Dampfturbinen.
Nr. 20. Behandlung von Kesselspeisewasser.
Nr. 21. Verminderung der Rauchentwicklung bei Feuerungsanlagen.
Nr. 22. Auswahl eiserner Raumheizöfen.
Nr. 23. Beurteilung eiserner Raumheizöfen bei größeren Lieferungen.
Nr. 24. Beurteilung von Kachelöfen und Herden.

Weitere Merkblätter sind in Vorbereitung.

MIX
Papier aus verantwortungsvollen Quellen
Paper from responsible sources
FSC® C105338

If you have any concerns about our products,
you can contact us on
ProductSafety@springernature.com

In case Publisher is established outside the EU,
the EU authorized representative is:
**Springer Nature Customer Service Center GmbH
Europaplatz 3, 69115 Heidelberg, Germany**

Printed by Libri Plureos GmbH
in Hamburg, Germany